让孩子爱上科学实验

# 植物有脾气

纸上魔方◎编绘

上海科学技术文献出版社
Shanghai Scientific and Technological Literature Press

**图书在版编目(CIP)数据**

植物有脾气/纸上魔方编绘. — 上海：上海科学技术文献出版社,2023
(让孩子爱上科学实验)
ISBN 978-7-5439-8845-3

Ⅰ.①植…　Ⅱ.①纸…　Ⅲ.①植物—儿童读物
Ⅳ.①Q94-49

中国国家版本馆 CIP 数据核字(2023)第 087918 号

组稿编辑:张　树
责任编辑:王　珺

# 植物有脾气

纸上魔方　编绘

\*

上海科学技术文献出版社出版发行
(上海市长乐路 746 号　邮政编码 200040)
全国新华书店经销
四川省南方印务有限公司印刷

\*

开本 700×1000　　1/16　　印张 10　　字数 200 000
2024 年 1 月第 1 版　　2024 年 1 月第 1 次印刷
ISBN 978-7-5439-8845-3
定价:49.80 元
http://www.sstlp.com

# 前 言

////////////////////////////////////////

在生活中，你是否遇到过一些不可思议的问题？比如被敲击一下就会伸腿前踢的膝盖，怎么用力也无法折断的小木棍；你肯定还遇到过很多不解的问题，比如天空为什么是蓝色而不是黑色或者红色，为什么会有风雨雷电；当然，你也一定非常奇怪，为什么鸡蛋能够悬在水里，为什么用吸管就能喝到瓶子里的饮料……

我们想要了解这个神奇的世界，就一定要勇敢地通过实践取得真知，像探险家一样，脚踏实地去寻找你想要的那个答案。伟大的科学家爱因斯坦曾经说："学习知识要善于思考，思考，再思考。"除了思考之外，我们还需要动手实践，只有自己亲自动手获得的知识，才是真正属于自己的知识。如果你亲自动手，就会发现膝跳反射和人直立行走时的重心有关，你也会知道小木棍之所以折不断，是因为用力的部位离受力点太远。当然，你也能够解释天空呈现蓝色的原因，以及风雨雷电出现的原因。

一切自然科学都是以实验为基础的，让小朋友从小养成自己动手做实验的好习惯，是非常有利于培养他们的科学素养的。在本套丛书中，读者将体验变身《化学魔法师》的乐趣，跟随作者走进《人体大发现》，通过实验认识到《光会搞怪》《水也会疯狂》，发现《植物有脾气》《动物真有趣》，探索《地理的秘密》《电磁的魔性》以及《天气变变变》的奥秘。这就是本套丛书包括的最主要的内容，它全面而详细地向你展示了一个多姿多彩的美妙世界。还在等什么呢，和我们一起在实验的世界中畅游吧！

# 目 录

# 荨麻"生气了"

需要准备的材料：

☆ 一小株荨麻

☆ 一根小木棍

☆ 一张纸

## ◎实验开始：

1．先观察准备好的荨麻，找到荨麻上面的小刺芒；

2．用小木棍轻轻碰掉小刺芒的尖端，注意别用手去碰；

3．小刺芒的尖端掉了以后，用纸轻轻擦拭小刺芒的另一端；

4．擦拭后看看纸上有什么东西。

## ◎ 有趣的发现：

你会惊奇地发现，小刺芒的另一端流出黑色的黏液，用过的纸也沾满了这种黏液。

皮皮："那些黏液是什么东西啊？"

嘉嘉："它怎么会在里面呢？有没有毒啊？"

孔墨庄叔叔："呵呵，听我慢慢说，荨麻这种植物，之所以非常厉害，原因就在于这种黏液。荨麻的叶和茎上都长着无数的刺芒，其中装满了含有蚁酸的液体，人和动物一旦碰到它，尖端就会破碎，而另一端在压力的作用下就会喷发出黏液，攻击它的'敌人'。这种黏液是有微量毒性的，会让皮肤产生痛痒感。不过不必担心，拿肥皂水洗洗就可以对付。"

荨麻是一种生长速度很快的草本植物，多生长在温润潮湿的山地林中。有趣的是，一些地区的人们称荨麻为"植物猫"，因为跑来偷食的老鼠一碰到它们就会逃之夭夭。目前荨麻的开发、应用也是很广泛的。有些家庭、学校以及一些农林场所常常栽植荨麻来防盗。荨麻是一种优质的饲料，还可用来纺织衣物。同时，荨麻根还是一味重要的中药。近年来，杂交荨麻颇受欢迎，因为其地上嫩茎嫩叶不仅营养丰富，而且不论是素炒还是凉拌都风味独特。

皮皮："嘉嘉看上去怎么那么高兴？"

丹丹："哼，他做完荨麻的实验后就一直这样！"

孔墨庄叔叔："为什么？"

丹丹："这回他可以用荨麻来吓唬人了！"

孔墨庄叔叔："小心自己的手……"

# 无花果真的是不开花就能结果吗

**需要准备的材料：**

☆ 一颗四五月份的无花果树的果实

☆ 一把小刀

☆ 一块砧板

◎ **实验开始：**

1. 用小刀切开无花果；

2. 观察里面有什么。

## ◎有趣的发现：

你会惊奇地发现，原来无花果的花是开在果实的里面的。

皮皮："啊哈，这还真是神奇呢，我还以为无花真的没有花呢。"

丹丹："那么，我们采摘的那个东西到底是花还是果实呢？"

孔墨庄叔叔："无花果的花朵其实是长在内部的子房里，简单点说就是果实的雏形里。我们采摘的那个'无花果'其实就是无花果树的果实，只不过是雏形，而且里面还有花朵。所以说，无花果是开花的。"

无花果四五月份的时候开始开花，这个时候一个花序上所有的花，包括花序轴就会共同发育成一个复果，形成果实的雏形。那么，这样的花是怎样传粉的呢？其实雏形的果实底部有一个小洞，蜜蜂（榕小蜂）可以从这里钻进去给里面的花朵传粉。之后，果实的雏形就能慢慢发育成真正的果实。

嘉嘉："皮皮那个家伙又跑哪儿去了？"

丹丹："不会又去找无花果的花朵去了吧？"

嘉嘉："都告诉他无花果的花是长在果实里面的，他偏不信，非说一定要找到其他的花朵出来。"

丹丹："哈哈，真拿他没办法！"

# 豆芽变颜色了

需要准备的材料：

☆ 两个小盘子

☆ 一块湿布

☆ 一大把黄豆

◎ **实验开始：**

1．把黄豆放在一个小盘子里；

2．用湿布盖好，放在黑暗处；

3．几天后等黄豆发了芽，取出一半黄豆芽放在另一个小盘子里，不要盖任何东西，放在阳光充足的地方；

4．剩下的一半仍像从前那样放在黑暗处；

5．两天后，比较一下两盘豆芽有什么不一样。

## ◎有趣的发现：

你会惊奇地看到，阳光照射下的那盘豆芽变绿了，另一盘豆芽像刚发芽时一样，仍然呈金黄色。

皮皮："为什么两盘豆芽颜色不一样呢？"

丹丹："这两盘豆芽没有被放在同样的环境下，我想跟这个有关系吧？"

孔墨庄叔叔："呵呵，还是丹丹观察得仔细。因为黄豆芽内含有叶绿素、叶黄素、花青素等不同的色素。什么色素的数量多一点，它就会呈现出这种颜色。放在阳光下的豆芽，在阳光的照射下，发生光合作用，产生了大量的叶绿素，使豆芽变绿了。而见不到光的豆芽体内叶黄素占绝对优势，所以它看上去就是金黄色。"

豆芽，在中国老百姓餐桌上是最普遍不过的蔬菜。豆芽在很多人印象中可能是蔬菜中的"弱小子"，形容一个人身材瘦弱，都要说他"长得像根豆芽"。不过，别看这豆芽细细弱弱，可是古今通吃的宝贝。

　　嘉嘉："孔墨庄叔叔，豆芽这么有营养呀？那我以后要多吃。"

　　孔墨庄叔叔："多吃对身体有好处。"

　　丹丹："可是他瘦得就像豆芽，老吃豆芽那会变成什么样子啊？"

　　皮皮哈哈大笑。

# 仙人掌会变魔术

**需要准备的材料：**

☆ 一块新鲜的仙人掌

☆ 一把小刀

☆ 一杯浑浊的水

◎**实验开始：**

1．用小刀在仙人掌上面割几道口子；

2．在仙人掌口子周围稍微用力压一下，使它流出汁液；

3．将切了口的仙人掌放在浑浊的水中慢慢搅动1分钟；

4．当水中出现泡沫状杂质时停止搅动；

5．3分钟后观察这杯水。

## ◎有趣的发现：

你会惊奇地看到，3分钟后，泡沫状的杂质沉淀到了水底，这杯浑浊的水变得比之前清澈了。

嘉嘉："为什么水变清了呢？"

孔墨庄叔叔："呵呵，因为仙人掌的汁液有净化水的作用。当你用小刀把仙人掌割开口子，放入水中后，仙人掌的汁液便流入水里，其中类似泡沫状的杂质就是它的汁液。汁液有吸附杂质的功能，所以水中的浑浊物就被净化了，水也就变得清澈多了。"

丹丹："仙人掌真是有用的植物。"

孔墨庄叔叔："仙人掌除了能净化水，还能改善空气成分呢！它呼吸时吸入二氧化碳，释放出氧气。"

仙人掌除了身上的刺以外，都可以入药，来"净化"人体里的毒素，它具有清热解毒、镇咳和止痛等许多功效。近年来，仙人掌还被用于治疗糖尿病和肥胖症呢。

嘉嘉："孔墨庄叔叔，我觉得仙人掌一点都不好！"

孔墨庄叔叔："怎么了？"

丹丹："哈哈，他肯定不小心被仙人掌的刺给扎了！"

# 蒜赶走了虫子

需要准备的材料：

☆ 十个蒜瓣

☆ 一杯水

☆ 一个喷壶

☆ 两盆有虫害的花

◎ 实验开始：

1．将十个蒜瓣捣烂成泥；

2．将蒜泥放入水中搅匀；

3．倒在喷壶中；

4．把蒜泥水喷在其中一个花盆里，另一个不喷洒；

5．第二天观察花盆，看有什么发现。

## ◎有趣的发现：

你会惊奇地看到，喷过蒜泥水的花盆中叶片上的虫卵变干了，土中的小虫子也藏不住了，甚至连小昆虫都不敢在叶子上停留，花朵好像精神了一些。没喷蒜泥水的那盆花虫害情况依然没有改善。

皮皮："为什么会这样呢？"

嘉嘉："难道虫子怕大蒜吗？"

孔墨庄叔叔："呵呵，当然了。蒜是一种非常神奇的植物。它散发出的气味，具有强烈的刺激性，能起到杀菌消毒效果。而这也正好可以用于保护花卉，具体做法就是把蒜泥水喷到花盆里，当它的气味散发到四周时，就会形成一个保护圈，这样既赶走了花盆里的害虫，又阻止了外界害虫对花朵的侵害，可谓是一举两得。"

大蒜不仅仅是一种深受人们喜爱的调味性食材，还具有一定的药用价值呢。从新鲜的大蒜中能够提取出一种淡黄色的油状液体，叫作大蒜素。大蒜素具有很强的抗菌和消炎作用，能够抑制和杀灭许多危害人类健康的细菌和病毒，如肺炎双球菌、痢疾杆菌和葡萄球菌等。

嘉嘉："孔墨庄叔叔，蒜有这么多好处啊？"

孔墨庄叔叔："当然了。"

嘉嘉："那我以后应该多吃蒜。"

丹丹："天哪，你不怕别人被你口中的蒜味熏到吗？"

# 透明的白萝卜

需要准备的材料：

☆ 一个白萝卜

☆ 一锅水

◎**实验开始：**

1．将锅里的水煮开；

2．把白萝卜的皮削干净；

3．把白萝卜放在热水中煮一煮；

4．观察煮过的白萝卜。

## ◎ 有趣的发现：

你会惊奇地看到，没有煮过的白萝卜颜色像牛奶一样白，根本不透明；在热水中煮过后，却变成透明的了，有点像玻璃。

嘉嘉："白萝卜的表皮和里面都是白色的，但煮过后怎么变成透明的了？"

丹丹："为什么会这样呢？"

$H_2O$

$O_2$

孔墨庄叔叔："呵呵，其实原因很简单的。白萝卜内部有很多小孔，其中充满了空气。当阳光照到白萝卜上，空气会让光产生散射，这样就会让萝卜看起来很白。而将白萝卜放在水里煮过以后，水分渗进了白萝卜的空隙里，空气就被赶出来了。没有空气就会减少了光的散射，萝卜就变成半透明的了。"

白萝卜是一种常见的蔬菜，生食熟食均可，其味略带辛辣味。白萝卜里含有的芥子油、淀粉酶和粗纤维，具有促进消化、增强食欲、加快胃肠蠕动的作用。它有着皮薄、肉嫩、多汁、味甘、木质素少、嚼而无渣等优点，"萝卜响，咯嘣脆，吃了能活百来岁"等谚语也早已流传开来。

嘉嘉："孔墨庄叔叔，我妈妈狠狠地罚了我一顿！"

孔墨庄叔叔："你又做什么淘气事情了？"

嘉嘉："昨天做实验的时候，我把我妈妈买的白萝卜都浪费在锅里了，所以她罚我晚上不准看电视。"

丹丹："你真的很有科学奉献精神呀！"

# 仙人掌死不了

需要准备的材料：

☆ 一棵刚长出不久的仙人掌

☆ 一个装满水的喷壶

☆ 一盆土

◎实验开始：

1. 把仙人掌种到干燥的土里；

2. 将壶中的水喷到土中；

3. 一个星期后去观察仙人掌。

## ◎有趣的发现：

你会惊奇地看到，盆中的土已经变干燥了，但是仙人掌还是嫩绿的，一点儿没有枯萎。

嘉嘉："仙人掌怎么还是那么壮实呀？"

丹丹："为什么会这样呢？"

孔墨庄叔叔："呵呵，仙人掌具有贮存水的功能。这是因为它的表面有层蜡质，可以帮助减少水分的蒸发和流失，与此同时，叶子也进化成了针状，这样就更加有利于减少水分的蒸发了。仙人掌通常发展众多的浅根，根系分布能扩展到它周围的几英尺，以尽可能地吸收水分。当干旱时，它的根会枯萎、脱落，以减少水分的消耗。"

原始的仙人掌类植物是有叶的，生长在不太干旱的地区，外形和普通的植物并没有多大的区别。由于环境变化，湿润的地区变得越来越干旱，为了适应环境，仙人掌叶子的外形就由正常的扁平叶逐渐退化成鳞片状，直至变成刺状。不过，我们还是能见到这种最为原始的仙人掌，比如在中美洲一些不太干旱的地区，还分布着一些原始的仙人掌类植物。

嘉嘉："我真希望自己是仙人掌。"

孔墨庄叔叔："为什么？"

嘉嘉："这样就没人敢欺负我了。"

孔墨庄叔叔："……"

# 苹果削皮后变色

**需要准备的材料：**

☆ 一个新鲜的苹果

☆ 一把水果刀

◎ **实验开始：**

1. 用水果刀将苹果皮削干净；

2. 10分钟后，观察苹果肉的颜色。

## ◎有趣的发现：

你会惊奇地看到，苹果刚被削完皮时，果肉是白色的，水分非常多，看上去非常新鲜；10分钟后，果肉开始变成淡黄色，样子有些干瘪。

丹丹："是啊，苹果削完皮之后，颜色怎么变成淡黄色了呢？"

嘉嘉："确实很奇怪啊！"

孔墨庄叔叔："呵呵，让我来告诉你们这个原因吧！苹果的身体里有成千上万个我们肉眼看不到的植物细胞，这些植物细胞中含有一种酚类物质，就是因为有这种物质的存在，被摘下后的苹果才可以继续呼吸并保持新鲜，供我们放心地食用。但是这种酚类物质如果与空气中的氧气相接触，就会转变为另一种醌类物质，并且导致植物细胞迅速地变成褐色。因此，失去果皮保护的苹果肉，在空气中放置一小会儿，就由莹白变为黄褐色了。"

其实，不只是苹果、梨子等水果拥有酶促褐变性，有些蔬菜（如土豆、茄子等）也有这种情况。它们的颜色变了虽然影响了食物的外观，使外层的营养成分有所降低，但还是可以吃的。如果苹果在削皮后放置时间过长，会导致植物细胞在空气中的氧化分解作用加剧，。果胶物质在酶的作用下进一步被分解为果胶酸和甲醇，使得果肉出现松散直至腐烂变质的变化。所以，水果削完皮后最好立即吃掉。

皮皮："我有办法让苹果、土豆、茄子不变色！"

孔墨庄叔叔："什么办法？"

皮皮："掺点番茄汁就行了。"

孔墨庄叔叔："为什么？"

皮皮："因为番茄中含有一种叫作谷胱甘肽的物质，谷胱甘肽具有抑制深色色素的功效，如果涂抹在苹果、土豆和茄子的表面，就可以防止它们变色啦！"

# 雨后"疯"长的蘑菇

需要准备的材料：

☆ 潮湿的林地

◎实验开始：

1. 下雨前，观察这块空地；

2. 下雨后，再次观察这块空地。

## ◎有趣的发现：

你会惊奇地看到，树底下长出了许多小小的蘑菇。

皮皮："蘑菇是不是特别喜欢洗澡呢？"

孔墨庄叔叔："其实蘑菇一直都在生长，只不过它的身体分为两部分而已。一部分是埋在土里的菌丝体，它是一种白色的丝状物。另一种是子实体，就是我们平时在地面上看到的小伞一样的蘑菇了。菌丝体只有等到水分极其充足的时候，才能分化出子实体。因此平常时候的菌丝体一直在地下默默地积蓄养分，等到下雨的时候，它才鼓足劲儿分化出子实体，然后冲出地面。这就是为什么在下雨前，树下还空无一物，而一场大雨过后，我们就会看到一簇簇小蘑菇冒出了头。"

雨后的树林中，常会看到一丛丛破土而出的蘑菇伞，颜色五彩缤纷，惹人喜爱。不过，有些看似艳丽的蘑菇却是含有剧毒的，误食甚至会有生命危险，而那些可食用蘑菇确实是味美可口，营养丰富。

丹丹："我好想吃小鸡炖蘑菇！"

孔墨庄叔叔："你不是改吃素了吗？"

丹丹："是啊，我会只吃蘑菇不吃小鸡的。"

孔墨庄叔叔："……"

# 爱听轻音乐的番茄

需要准备的材料：

☆ 一块空地

☆ 两株番茄苗

☆ 两副耳机

☆ 两个随身听

◎实验开始：

1. 在空地里种两株番茄苗；

2. 在两株番茄苗的枝干上各挂上一副耳机；

3. 其中一株用随身听放轻音乐，另一株用随身听放摇滚音乐；

4. 三个月后，观察两株长大的番茄，看看它们之间有什么不同？

听摇滚乐
的番茄

听轻音乐
的番茄

## ◎有趣的发现：

你会惊奇地看到，每天都听轻音乐的番茄长得非常茁壮，而且果实既饱满又鲜亮；每天都听摇滚音乐的番茄则枝叶发黄，不但没有结出果实，反而快要枯萎了。

嘉嘉："难道番茄爱听轻音乐吗？"

听轻音乐的番茄

孔墨庄叔叔："呵呵，其实番茄能听懂音乐，而且喜欢听音乐。那么，它到底喜欢听哪种音乐呢？番茄对音乐是有选择的。人们通过实验发现，听了舒缓、轻松音乐的番茄长得更为茁壮，而听了喧闹、杂乱无章音乐的番茄则生长缓慢，甚至死去。至于原因嘛，因为那些舒缓、动听的音乐，它们的声波是规则振动的，使得植物体内的细胞分子也随之共振，加快了植物的新陈代谢，而使植物生长加速起来。美国科学家曾对 20 种花卉进行了对比观察，发现噪音会使花卉的生长速度平均减慢 47%。若是播放摇滚乐，就可能使某些植物枯萎，甚至死亡。

听摇滚乐的番茄

甜菜、萝卜等植物都是"音乐迷"。曾有研究人员用"听"音乐的方法培育出了7千克重的萝卜、小伞那样大的蘑菇和10千克重的卷心菜。

嘉嘉："番茄听音乐长得快另有原因！"

孔墨庄叔叔："说来听听。"

嘉嘉："是因为番茄不喜欢听音乐。"

孔墨庄叔叔："那为何还长得快呢？"

嘉嘉："因为它受不了音乐的折磨，想早点被人吃掉。"

孔墨庄叔叔："哈哈哈！"

# 玉米长胡子

需要准备的材料:

☆ 一片玉米地

◎**实验开始:**

1. 记住没有成熟的玉米的样子;

2. 等玉米成熟了,再观察它的样子,看看有什么变化。

## ◎有趣的发现：

你会惊奇地看到，玉米成熟了之后，在它的顶端长出了一缕长长的"胡须"，就像老爷爷的胡子一样长。

皮皮："为什么玉米成熟了就会长'胡子'呢？"

丹丹："'胡子'是从哪里冒出来的啊？"

孔墨庄叔叔："它看上去很像人的胡子吧？其实那是玉米的花柱，当花柱散发出花粉，落在柱头上，就萌发出花粉管，花粉中的精子沿花粉管运动，在胚珠中受精后，在子房就发育成了果实，它就是玉米粒。所以说花柱正是玉米粒最开始的种子。'胡子'对人体的益处是很多的，它有利尿、降糖的功效。煮了玉米的水喝了也可以辅助降血糖，调理身体内的胰腺，去火，治小儿尿床，还可以防止龋齿。煮的玉米棒子之所以吃完后芯子会有一股甜味，那其实就是纯正的木糖醇味道。"

在夏季吃玉米时，大家都爱光煮玉米，而把须扔掉。其实在中药里，玉米须又称"龙须"，把留着须的玉米放进锅内煮，熟后倒出的汤水，就是"龙须茶"。夏季里暑气重，它有凉血、泻热的功效，可祛体内的湿热之气，也有利水、消肿之用。高血脂、高血压、高血糖的病人喝了，可以降血脂、降血压、降血糖。

丹丹："听说女生都爱吃玉米。"

嘉嘉："是的，我家的猫也爱吃玉米！"

丹丹："这跟你家猫有什么关系啊！"

嘉嘉："有呀！我家的猫是母猫。"

丹丹："你……"

# 圆圆的树

需要准备的材料：

☆ 一张森林公园的门票

◎ **实验开始：**

1. 进入森林公园，观察你看到的树干的形状和轮廓；

2. 多观察几种树，你会发现什么？

## ◎有趣的发现：

你会看到，无论什么种类的树，它们的树干的形状都是圆的。

皮皮："为什么每棵树的树干都是圆的呢？"

嘉嘉："没有别的形状吗？"

孔墨庄叔叔："世界上所有的生物为了生存，总是会朝着对环境最有适应性的方面发展的。植物也是如此，每一棵树的树干都是圆的，无一例外。树木是多年生的植物，它的一生要遭受很多外来的伤害，特别是来自大自然的袭击。如果树干是方形、扁形或有其他棱角的，会更容易受到来自外界的冲击伤害。但是，圆形的树干就不同了，狂风吹打时，不论风卷着尘沙杂物从哪个方向来，受影响的程度都会大大减小。 因此，进化才是自然界万物生长不息的永恒规律。"

在几何学中，同周长情况下圆的面积比其他任何形状的面积都大。也就是说，数量相同的材料，圆形可以做成面积最大的东西。

任何一株树，哪怕它的树冠参天庞大，也依然只是靠一根主干来支撑，尤其是果实累累的树，更要靠树干的有力支撑，而圆柱形的支撑力是最强的。

嘉嘉："地球是圆的，车轮是圆的，圆真是好东西！"

孔墨庄叔叔："是啊，不过人可不能太圆。"

嘉嘉："什么意思？"

孔墨庄叔叔："人若是太圆就看不到棱角了。"

# 神奇的花粉

需要准备的材料:

☆ 一个放大镜

◎实验开始:

1．春天到一片种有黄瓜的菜地里，仔细地观察黄瓜藤上开出的黄色小花；

2．刚进入夏季时，再来观察这朵花，花朵有什么变化？并用放大镜仔细地寻找原因。

春天的
黄瓜花

夏天的
黄瓜花

## ◎有趣的发现:

你会惊奇地看到,这朵小黄花有些枯萎了,但是在它的下方长出一个大约有2厘米长的小黄瓜。

嘉嘉:"花朵的下面怎么长出了一个小黄瓜呢?"

丹丹:"你用放大镜观察时,没有发现花朵的中间有一个圆圆的小盘子吗?我猜一定与这个有关系。"

孔墨庄叔叔:"呵呵,还是丹丹观察得仔细。花朵下面长出小黄瓜的秘密就在这个小盘子里。这个小盘子的中间盛有一种叫作花粉的物质。植物的繁殖过程就是雄花的花粉落到雌花的花柱上,花柱上生有花粉管,花粉中的精子随着花粉管的延长而一直向下移动,直至进入胚珠内部,然后与胚珠里的卵细胞结合完成受精作用。所以说,花粉是植物用来繁殖的重要器官。不过花粉极其娇嫩,会在花朵被采摘的几分钟后就失去活力,同时温度与湿度对花粉的活力影响也很大。"

世界上许多专家教授依据现代科学分析证明，花粉不仅是植物的生命源泉，而且还是一座"微型营养宝库"。花粉中所富含的营养成分是最全面的，包括大量蛋白质和各种维生素，其他任何天然食品都无法与之相比拟。

花粉既可以口服，又可以外用，长期使用，不仅能增强体质、改善精神状态，还能起到美容和抗衰老的作用呢。

嘉嘉："我对花粉过敏！"

皮皮："那你肯定对丹丹也过敏吧！"

嘉嘉："为什么？"

皮皮："丹丹离不开花粉。"

嘉嘉："难怪我总是跟她拌嘴了。"

# 香蕉坏了

需要准备的材料：

☆ 一个冰箱
☆ 一把香蕉
☆ 一根绳子

◎ 实验开始：

1. 将几根新鲜的香蕉放在冰箱中保存一天；

2. 再将几根同样新鲜的香蕉用绳子拴在一起，挂在通风处保存一天；

3. 一天后看看它们有什么变化。

## ◎有趣的发现：

你会惊奇地看到，放在冰箱中的香蕉变得有点黑，吃起来味道也不新鲜；挂在通风处的香蕉几乎没有变化，吃起来味道仍然新鲜。

皮皮："为什么会这样呢？我们平时买的食物不都是放在冰箱中保存的吗？"

嘉嘉："香蕉在冰箱保存一天以后怎么就出现了黑点，而且口味也差了呢？"

孔墨庄叔叔："这是因为香蕉被采摘后，会产生一种名叫乙烯的果实催熟剂。被放进冰箱里的香蕉会释放大量的乙烯，而这些过量的乙烯得不到稀释，会加快催熟香蕉的速度，香蕉就会逐渐变黑、腐烂。"

日常生活中，热带水果最好放在避光、阴凉的地方贮藏，如果一定要放入冰箱，应置于温度较高的蔬果槽中，保存的时间也最好不要超过两天。有些买回来时还未成熟的热带水果，比如颜色发青的香蕉等，最好也别放入冰箱中。否则，它们不仅不能正常地成熟，而且还会因为腐烂而导致无法食用。可是，为什么会出现这种现象呢？其实是因为水果在成熟时会放出一种叫乙烯的气体，乙烯能够促进水果的成熟。冰箱是一个密封的空间，被释放出来的乙烯气体会越积越多，得不到稀释；如果水果被长时间地放置在这样的一个空间里，它们就会在短时间内成熟；而对于已经成熟的水果，更多的乙烯会加快水果的腐烂。

嘉嘉："我知道猴子吃香蕉快的原因了。"

皮皮："为什么？"

嘉嘉："因为它也知道香蕉烂得快。"

# "怕痒痒" 的含羞草

**需要准备的材料：**

☆ 一株含羞草

☆ 一盒火柴

☆ 一颗冰块

◎ **实验开始：**

1. 先观察准备好的含羞草，仔细观察它的叶子的
状态；

2. 先用手轻轻碰一下它的叶子，看看叶子的变化，
过一段时间，叶子又有什么变化呢；

3. 再用冰块触碰一下它的叶子，看看叶子的变化，
过一段时间，叶子又有什么变化呢；

4. 最后再用点燃的火柴慢慢靠近叶子看看叶子的变化，过一段时间，叶
子又有什么变化呢？

## ◎有趣的发现：

你会惊奇地发现，无论用什么东西接触含羞草，它对称的叶子都会自动闭合。再碰一碰，它的茎也会垂下，活像一个生病的人，连腰也直不起来。可过了一会儿，它的叶片就会自动展开，茎也自动抬起来了，试了几次都会这样。

皮皮："含羞草真的既怕痒痒又怕热吗？"

孔墨庄叔叔："呵呵，看上去好像是含羞草既怕痒痒又怕热，其实不是的。若我们仔细观察，就会看到在含羞草的小叶片和叶柄、叶柄与茎相连接的部位有一个大大的结，它就是含羞草对刺激反应最敏感的部位，叫叶枕。叶枕里充满了水分，并有很大的压力。当我们用手指去碰含羞草的时候，叶枕下部细胞里的水分，在压力的作用下就会向上部和两侧流去，于是叶枕上半部就会鼓起来，而下半部就瘪下去，而叶柄也就会低垂下去了。"

水分

其实，上面实验里所见到的含羞草的这种特殊的本领是有历史渊源的。含羞草最早是生长在热带南美洲的巴西，那里常有大风大雨。当第一滴雨打到叶子时，它立即会将叶片闭合，叶柄下垂，以躲避狂风暴雨对它的伤害。因此，今天我们所看到的含羞草所具备的这一神奇功能同样是进化的结果。另外，含羞草的这种运动也可以看作是一种自我防卫机制，动物稍一碰它，它就合拢叶子，动物也就不敢再吃它了。

丹丹："含羞草真懂得保护自己！"

皮皮："哼，一碰就躲的家伙怎么保护自己？"

丹丹："难道像你一样用鸡蛋碰石头啊！"

皮皮："什么叫鸡蛋碰石头，那叫四两拨千斤！"

# 豆浆变豆腐

**需要准备的材料：**

☆ 一杯无糖豆浆

☆ 一些石膏

☆ 一支小匙

☆ 一块干净纱布或棉布

☆ 一个600ml的空塑料瓶

☆ 一把小刀

☆ 一根红色的彩水笔

◎ **实验开始：**

1．在空瓶距离底部约10cm处用红色的彩水笔水平画上一圈，然后小刀沿着这圈线的痕迹将空瓶裁断；

2．然后在裁好的空塑料瓶中倒入约3厘米高的无糖豆浆；

3．再将1/3匙的石膏粉加入豆浆中，并搅拌均匀；

4．静置约15分钟后，观察塑胶瓶中产生的现象。

## ◎有趣的发现：

你会惊奇地发现，瓶底已经有沉淀物了。将上层澄清的液体倒掉，取沉淀物倒于干净棉布中，再将里面的水分除去，轻轻挤压让水分渗出即可。不可用力过度，会将沉淀物挤出。从棉布中取出已制作好的物质，也就是豆腐。

孔墨庄叔叔："呵呵，原理其实很简单的。豆浆中的蛋白质成分，加入石膏或醋等电解质后，就会被电荷中和，而凝结成较大的颗粒，再去水后沉淀，就变成了豆腐。但是，糖不能与蛋白质中的电荷中和，所以只有无糖豆浆才能制成豆腐。"

豆浆是一种深受人们喜爱的纯天然饮品，被欧洲人称赞为"植物奶"。豆浆中含有丰富的植物蛋白和维生素等对人体有益的成分。豆浆跟豆腐一样，也含有铁和钙等矿物质，虽然它所含的钙的分量比不上豆腐，但却遥遥领先于其他乳类制品。豆浆适合各类人群饮用，是一种老少皆宜的健康饮品。

一年四季都适合饮用新鲜的豆浆。在春季和秋季喝豆浆，可以调节人体的内分泌系统，还能滋阴润燥；在夏季喝豆浆，可以防止中暑；在冬季喝豆浆，不但可以暖胃，还能滋补身体。在日常生活中，除了用黄豆榨豆浆之外，还可以在其中加入红枣、枸杞、绿豆和百合等。这样榨出来的豆浆，不但美味可口，还更具营养价值呢！

皮皮："我要奉劝那些惹我的家伙。"

丹丹："奉劝什么？"

皮皮："谁再惹我，我就拿豆腐砸他！"

# 人造琥珀松香

需要准备的材料:

☆ 一大块松香和一小瓶酒精

☆ 一个容器

☆ 一把菜刀

☆ 一根玻璃棒

☆ 一只装着玫瑰的小盒子

☆ 一盏酒精灯

☆ 一个铁架台

## ◎实验开始:

1. 用菜刀将大块的松香切成几个小块;

2. 向容器里倒入切好的松香和酒精,松香与酒精的比例大约为10:1;

3. 然后将容器固定在铁架台上,并将点燃的酒精灯放到其底部加热;

4. 用玻璃棒不断地搅动;

5. 等松香融化了以后,慢慢地将松香倒入装有玫瑰的纸盒里,直到把玫瑰淹没;

6. 大约一个小时后,等松香凝结,小心地撕去外面的纸盒,你会发现什么?

## ◎有趣的发现：

你会惊奇地发现，凝固的松香将玫瑰完全包裹了起来，变成了一个"琥珀"。这个"琥珀"外表晶莹剔透，里面的玫瑰栩栩如生，颜色也异常鲜艳。

丹丹："琥珀真漂亮，可是它是怎么形成的呢？"

嘉嘉："它能保存多久呢？"

孔墨庄叔叔："呵呵，这个实验的原理是松香融化后呈粘稠状，待其再次凝固后，又能达到一般物品所不能击碎的硬度。所以，再次凝固后的松香不论从外形、色泽度和硬度上来看，都与真正的琥珀非常接近。这样一来，只要将松香好好处理一下，便可以得到一块非常美丽的人造琥珀了。由松香做成的人造琥珀可永久保存，由于它的内部是真空状态，所以植物与外界是完全隔绝的，也不用担心会腐败掉。"

琥珀的价格差异很大，有的高达上万元，而有的只需一二百元就能买到，这主要看琥珀的成色和出产的地点。琥珀种类有很多，如血珀、金珀、绿珀和蓝珀等，其中最昂贵的就要数绿珀和蓝珀了。据说血珀具有活血的功效，对心脏不好的人非常有益处。

皮皮："我把刚做好的玫瑰琥珀送给你吧。"

丹丹："我才不要呢，你还是把它送给别人吧！"

皮皮火冒三丈。

# 发酵的葡萄

需要准备的材料：

☆ 一串葡萄（最好是山葡萄）

☆ 一个可以密封的贮存容器

☆ 一只勺子

☆ 一大块洁净的白色纱布

☆ 一只漏斗

◎ **实验开始：**

1．先将葡萄清洗干净，然后放置一旁沥干水分；

2．然后将手洗干净，把葡萄一颗一颗地摘下来并放进容器里，然后用勺子将它们压扁；

3．盖上容器的盖子，密封放置2～3个月；

4．2～3个月后，开启容器的盖子，查看里面的葡萄汁液是否已经产生气泡；

5．如果葡萄汁液已产生气泡，用纱布将其过滤一遍，然后用勺子尝一尝。

◎**有趣的发现：**

你会惊奇地发现，做好的葡萄汁喝起来有一股葡萄酒的味道，以前闻起来没有酒精的味道，现在闻起来却有股酒精的味道。

皮皮："葡萄变成葡萄酒了吗？"

丹丹："真是太神奇了！"

孔墨庄叔叔："呵呵，原理其实很简单的。葡萄在密封的情况下，葡萄上附带的发酵菌会将葡萄中的葡萄糖转变成酒精。所以葡萄就变成葡萄酒了。"

糖 → 酒精

如果我们用果皮是紫红色的、果肉是白色或红色的葡萄，来发酵葡萄酒的话。制成的葡萄酒的颜色会呈现出宝石红或石榴红，倒进透明的高脚杯里，就像是盛着一块晶莹剔透的红宝石。但并不是所有葡萄酒都是红色的哦！如果我们用白葡萄来酿造葡萄酒的话，酿制出的葡萄酒的颜色大多是无色的；也有的微黄中带有一点绿，呈现出浅黄或金黄色。

这样看来，酿酒师们就如同一群艺术家，各种颜色的葡萄就像是他们的颜料，而酿出的葡萄酒就是这些"颜料"经过微妙变化后，幻化出的精美艺术品。

皮皮："嘉嘉看上去脸怎么那么红呀？"

丹丹："哼，他做完葡萄酒的实验后就一口气把制作出来的葡萄酒全喝了！"

# 杨树掉叶子了

需要准备的材料：

☆ 一棵杨树

◎ **实验开始：**

1. 秋天到了以后，观察杨树的周围；

2. 捡一片杨树叶，观察它与夏天时相比有什么变化。

## ◎有趣的发现：

你会惊奇地发现，杨树的周围有许多落叶，而且会不时地掉落。捡一片树叶，发现它非常干燥，没有什么水分。

丹丹："秋天树为什么会掉叶子呢？"

嘉嘉："掉下的叶子都那么干，是不是缺水了？"

孔墨庄叔叔："树木落叶是一种正常的现象。别看树叶很小，但是它们具有蒸腾作用，能通过蒸发树木体内的水分，带动光合作用，为树木的健康生长提供源源不断的动力。但是，到了秋冬季节时，日照时间缩短，降雨量减少，土壤干燥，气温降低。为了保持树干的温度以及防止树木体内的水分快速流失，就不需要树叶再进行蒸腾作用了，于是树叶就脱离了树木。而脱落的树叶也失去了母体所供给的养分和水分，叶细胞逐渐死去，自然就会干枯了。不过可别小看这些干枯了的小树叶呢，它们慢慢地干枯、腐烂后，会化作养料渗入地下，为树根吸收，直到死去都尽可能地奉献自己的一切。"

杨树是世界上分布最广、适应性最强的一类树种。在北半球的温带和寒温带，自平原到高原均有分布。

在我国，许多地方都分布着大面积的杨树林，像一排排哨兵一样保卫着脚下的土地。白杨树分为很多种，在我国最北方的大、小兴安岭中，以甜杨和大青杨居多；南方地区的滇杨比较多；而西部地区主要生长着耐干旱、耐盐碱的胡杨、银白杨和银灰杨等。

皮皮："今天早上去上学的路上我看到一位清洁工阿姨在清扫路边的树叶。看起来真麻烦呀！"

丹丹："是呀！"

孔墨庄叔叔："树叶也给人们带来了许多的麻烦。"

丹丹："长大了我要发明一种车，能边走边吸落叶，这样就省事了。"

孔墨庄叔叔："有志向的孩子。"转头问嘉嘉，"你长大想干什么呢？"

嘉嘉："这个嘛……"

丹丹："他负责开这种车。"

众人大笑。

# 红薯变甜了

**需要准备的材料：**

☆ 两块生红薯

☆ 一口蒸锅

☆ 一个袋子

◎**实验开始：**

1. 把一块生红薯放进蒸锅里蒸熟，并将它吃掉；

2. 把另一块生红薯放在袋子里；

3. 五天后再把放在袋子里的红薯蒸熟，看与之前的那一块味道有什么不同。

## ◎有趣的发现：

你会惊奇地发现，放了几天的红薯比先前的味道甜了不少，更加好吃了。

嘉嘉："为什么红薯放久了就变得更好吃了呢？"

孔墨庄叔叔："这与红薯中所含成分的转化有关系。红薯在成熟的过程中，积累了大量淀粉。从田地里挖出它们并贮藏起来之后，由于温度的降低，红薯体内的淀粉会越来越少，但是这些淀粉并不是凭空消失了，而是分解成了糖。这样一来，红薯贮存的时间越久，所含的糖就越多，吃起来也就越甜。"

糖

糖

因为不同地区的人们对红薯的称呼也不同，所以导致了红薯的别名特别多。北京人叫它白薯；上海人、天津人和江苏人称它为山芋；河北人则称它为山药或者红山药；山东人、东北人、福建人和广西人叫它地瓜；安徽人称它为红芋；陕西人、重庆人、四川人和贵州人又称它为红苕；湖北人称其为红苕；浙江人、江西人称其为番薯……

有的时候，同一地区不同区域人们对红薯的称呼也不尽相同，是不是很有趣呢。所以，如果以后你听到了它的这些别名，可一定要知道说的都是红薯哦！

皮皮："我昨天看见嘉嘉把红薯放在自己的床底下了。"

孔墨庄叔叔："他要干吗？难道想吃甜红薯吗？"

丹丹："哼，他的床底下放着他的臭鞋，那些红薯过几天还能吃吗？"

# 竹子死了

需要准备的材料：

☆ 一棵竹子

◎ **实验开始：**

1. 观察一棵竹子，开花后继续观察；

2. 不久你发现什么？

## ◎ 有趣的发现：

你会惊奇地发现，开花后的竹子不久就变得越来越枯萎，慢慢死掉了。

皮皮："竹子在开花后怎么很快就死掉了呢？"

孔墨庄叔叔："呵呵，我们总是能够看到各种绚丽的花儿在一年四季里争奇斗艳，但是却很少见到竹子开花。因为竹子开了花后，它的生命也就随之结束了。竹子开花时，竹叶产生的所有养分都用来开花、结籽，也就是说它把所有的精华全部浓缩到花和种子中。等到开完花结完籽，竹子中贮藏的养分就被用完了，于是它也完成了自己的使命。开花后不久，绿叶开始凋谢，枝干也会枯萎而死。而种子呢，则重新孕育着希望，等到环境条件合适时，它可以重新长出竹子来。"

竹子在中国传统诗词里，具有很高的地位和深远的意境。竹子虽然没有其他鲜花那般浓郁的芬芳，却也独具一股若有似无的清香。这种淡如流水的清冽之气，与它挺拔的身姿、分明的骨节相得益彰，因此在中国文人的理想世界里，给它赋予了很高的品格。

皮皮："有什么办法能让竹子不死呢？"

孔墨庄叔叔："好像没有吧！"

嘉嘉："我有办法！"

孔墨庄叔叔："什么办法？"

这时连丹丹都好奇地看着嘉嘉。

嘉嘉："竹子开花后才会死，那我们可以把它的花都摘掉，这样它就死不了了。"

众人无语……

# 看！牵牛花要开了

**需要准备的材料：**

☆ 结有大量花蕾的牵牛花

☆ 一间有正常光线的屋子

☆ 一间24小时没有光线的屋子

☆ 一盏台灯

## ◎实验开始：

1. 将牵牛花先放在有正常光线的屋子里，连续观察几天，看它什么时间开花；

2. 然后再把它放在24小时没有光线的屋子里，仅用一盏台灯持续照明，它还会准时开花吗？

## ◎有趣的发现：

你会惊奇地发现，开始牵牛花开花的时间，每天都是固定的，即一个开花的周期，大约是24小时。但它进入黑暗的屋子后，用灯给它持续照明，它就不会在固定的时间开花了。

嘉嘉："牵牛花为什么会准时开花呀？"

皮皮："用灯照明以后，怎么又不开了？"

孔墨庄叔叔："虽然影响植物开花时间的主要因素，因植物种类的不同而各有差异，但大多数的植物，都有一个生物'钟'，也就是它们的内在节律。植物在什么时间里开花，都是由这个'钟'所决定的。牵牛花一般每天早晨四点钟开花，但放在没有光线的屋子里后，虽然用灯给它持续照明，但是这也打破了它的生物钟，所以它不会按时开花。"

牵牛花还叫喇叭花，这是为什么呢？原来啊，盛开着的牵牛花，花朵的形状跟我们生活中的小喇叭很相似。每当清晨的露水刚刚洒下，它们就一个跟着一个绽放了。远远看去，有粉红色的、蓝色的、紫色的，在一根根蔓藤上开得满满的，就好像在开一场音乐会一样，顿时都有可能流淌出动听的音符。

嘉嘉："牵牛花真的会那么准时开花吗？"

丹丹："当然！"

嘉嘉："我怎么从来没有发现它会开花呀！"

丹丹微微一笑，没理嘉嘉。

孔墨庄叔叔："因为你是个小懒虫啊！"

丹丹："对呀，你起床的时间肯定不会是早上四点钟吧！"

# 水果的奥秘

需要准备的材料:

☆ 几个苹果

☆ 几个荔枝

☆ 几个橘子

☆ 几个梨

◎ **实验开始:**

1. 先拿出苹果,观察它们的果蒂、外观;

2. 再分别观察橘子、梨和荔枝;

3. 拿起苹果、橘子、梨和荔枝,尝一尝,你有什么发现?

## ◎有趣的发现：

你会惊奇地发现，苹果果蒂大的味道甘美爽口，汁多皮薄；果蒂小的既酸又涩，汁少皮厚。橘子果蒂大的个大皮薄，核小且少；果蒂小的发酸，核多而且皮厚个小。颈部深的梨个大光滑，形美，味佳汁多，口感好；颈部浅的有麻点，水分少而且干涩。荔枝壳上之"刺"若为针尖状，汁多且甜，核小壳薄；相反，其刺为圆形者不仅汁水少，且淡而无味，核大壳也厚。

皮皮："以前都没仔细观察，水果之间竟有这么多的区别呀。"

丹丹："这都是为什么呢？"

孔墨庄叔叔："呵呵，水果酸与甜的味道，和温度、土壤、肥料、日照、树龄等有很大的关系。当然，品种、产地、形状的差异，也会影响水果的味道和口感。"

要想辨别水果是否熟透了，主要看它们的颜色。比如，成熟了的柑橘，一般都是黄中透着橙红或鲜红色。而半生不熟的柑橘则是绿色的，这样的柑橘一定是又酸又涩的。而没熟透的香蕉，果皮是青绿色的，吃起来又涩又硬；但如果香蕉皮上出现黑点，又表明熟过头了。香蕉、苹果和鸭梨都是果皮呈金黄色时，口感最好、味道最佳。

皮皮："水果原来有这么多学问呀！"

丹丹："其实我早就发现了，是你不注意观察而已！"

孔墨庄叔叔："呵呵，丹丹一直是一个爱观察的孩子。"

# 空空的竹子

需要准备的材料:

☆ 一根竹子

☆ 一把刀

◎ 实验开始:

1. 用手指叩击竹壁,看有什么不一样的地方;

2. 用刀切开竹子,看看它里面有什么东西。

## ◎有趣的发现：

你会惊奇地发现，用手指叩击竹子的时候，里面似乎有回声。用刀切开以后，发现竹子内部居然是空的。

皮皮："为什么竹子是空心的呢？"

孔墨庄叔叔："呵呵，树木是实心的，但竹子不同于树木，它是空心的。水稻、小麦、芦苇和芹菜等也和竹子一样，中心是空的。最早的时候，这些植物和别的植物一样是实心的，但是在长期的进化过程中，它们不断变化，茎渐渐变成空心的。因为，空心茎比实心茎更有利于它们的生存。拿竹子来说，竹子本身又细又高，是很容易被折断的，但是由于它的茎变成了空心，就像"Z"字一样，能支撑住外界较大的力量，所以不容易被折断。"

说起竹子，你一定不会感到陌生。它的身材修长而挺直，虽不粗壮，却很坚韧，很难被风力和人力折断。竹子的外形非常漂亮。一个一个的竹节，细细长长的竹叶，一年四季都身披"绿衫"，生机勃勃、青翠欲滴，给人们带来了一种美的享受。所以，竹子经常出现在文人的笔下和很多画家的画纸上。

丹丹："听说熊猫爱吃竹子？"

孔墨庄叔叔："是呀，熊猫最爱吃竹子了。"

嘉嘉："为什么呀？"

皮皮："因为熊猫最爱它的牙齿了，竹子是空心的呀。若是实心的话，它的牙就会被磕掉了。"

孔墨庄叔叔："……"

# 游泳的樟脑丸

**需要准备的材料：**

☆ 一个透明的玻璃瓶

☆ 少量白醋

☆ 少量苏打粉

☆ 一根小木棍

☆ 一粒樟脑丸

## ◎实验开始：

1. 向玻璃杯中倒入少量白醋；

2. 将少许苏打粉倒入白醋中；

3. 用小木棍把玻璃杯里的液体搅拌均匀；

4. 把一粒樟脑丸放入搅拌好的溶液中；

5. 你会发现什么？

## ◎有趣的发现：

你会惊奇地发现，那粒樟脑丸就像有了生命一样，在溶液中一会儿上一会儿下地运动，就像一条活泼的小金鱼在自由地游动着。

皮皮："为什么那粒樟脑丸会像小鱼一样地上下运动呢？"

丹丹说："你没发现一开始向玻璃瓶里放了一些白醋和苏打粉吗？我想一定与它们有关系。"

孔墨庄叔叔："还是丹丹观察得仔细。这是因为白醋与苏打粉混合后，会产生大量的二氧化碳。这些二氧化碳会以气泡的形式吸附在樟脑丸的表面，这会导致樟脑丸的浮力增大，于是就浮出了液体。但是这些气泡遇到空气后就会消失，于是失去气泡的樟脑丸浮力减小，又开始下沉。下沉到一定深度的时候，樟脑丸的表面会再次布满气泡，于是它会再次浮出液体。如此循环往复，我们就看到来回游泳的樟脑丸了。"

为了避免衣柜里的衣物被虫蛀，人们通常会在衣柜的角落里放上几颗樟脑丸。但是，如果樟脑丸使用不当，对人体是非常有害的。这是因为，天然的樟脑丸气味清香，光滑而透亮，驱虫效果不太显著。因此人们在它的基础上制成了一种合成的樟脑丸，这种樟脑丸含有萘或对二氯苯，味道有些刺鼻。而对二氯苯是一种具有毒性的成分，容易导致人们打喷嚏、头晕、呕吐或疲倦等，严重时甚至会中毒或致癌。因此，孕妇和儿童最好远离这种樟脑丸，也应避免在衣柜里放置它们，以免其气味通过衣物对身体造成损伤。如果一定要为衣柜驱虫和防霉，我们可以自制一些简单的小香囊，八角、茴香和香樟木都是很好的原材料，将它们装进小香囊中然后放进衣柜，驱虫、防霉的效果也很好呢。

皮皮："我最不喜欢樟脑丸了！"

丹丹："嘻嘻，那是因为你不爱卫生！"

皮皮："胡说！我在衣柜里放了纯天然的樟树叶。"

孔墨庄叔叔："哈哈，那恐怕起不到防蛀的效果吧！"

# 不变色的大豆

需要准备的材料：

☆ 刀片、一点红墨水

☆ 两个带有盖子的透明玻璃缸

☆ 一把大豆种子

☆ 一张桌子

◎实验开始：

1．取大豆新种子及旧种子各10粒（如没有旧种子，可用沸水将一部分新种子杀死以作对照），混合后放在30～35℃的水中浸泡8～10小时，使种子充分吸水；

2．取出已吸胀的大豆种子10粒，沿胚中线纵向切成两半，取其中的一半置于培养皿中，加入红墨水浸泡10分钟；

3．取出染色后的种子，用清水充分冲洗至洗液无色为止；

4．对比观察所冲洗的种子胚部着色情况。

## ◎有趣的发现：

有些种子的胚部没有被染色，而有些则被染成了红色。

丹丹："挺有意思的，为什么会这样呢？"

孔墨庄叔叔："胚部没有染上颜色或只染上一点淡红色的种子，是具有生命力的种子；而胚部被染成与红墨水一样的深红色的种子，则是死种子。这是因为如果种子具有生命力，它内部的胚细胞就会有选择性地吸收来自外界的物质，因此只有很少量的染料能够进入细胞内。而死种子内部的胚细胞液已经死去，因此无法选择是否吸收外界物质，燃料可自由进入细胞内，使胚细胞染上了颜色。所以我们可以利用这种方法来鉴别种子是鲜活的还是死去的。"

大豆中含有非常丰富的蛋白质，其中的蛋白质一般呈椭圆形或球形排列。我们日常生活中经常食用的有黄豆、青豆和黑豆，它们的颜色分别是黄色、淡绿色和黑色的。我们可以用大豆来制作各种营养美味的豆制品，还可以压榨豆油、制作酱油等。而用剩的豆渣或磨成粗粉的大豆还可以用做禽畜的饲料。中国、日本和朝鲜是食用豆腐历史最悠久的国家，已经有几千年了，各种种类、不同软硬的豆腐，应有尽有。欧美国家的人民现在也开始吃豆腐了，但是一般都是用来代替他们喜欢的奶制品。

皮皮："知道我的牙齿为什么这么好吗？"

丹丹："哼，像你这种不爱刷牙的人，牙齿怎么会好呢！"

孔墨庄叔叔："呵呵，我猜跟吃大豆有关系吧。"

皮皮："嗯，看来你也经常吃。"

# 麦子萌芽需要阳光吗

**需要准备的材料：**

☆ 两个盘子

☆ 一些湿沙

☆ 二十粒麦子

☆ 一个纸箱子

## ◎ 实验开始：

1．在两个盘子里分别放入一些湿沙；

2．在两个盘中分别拌入十粒麦子；

3．把一个盘子放在阳台上，另一个盘子用纸箱罩上，两个盘子都要保持麦子的湿润，直到实验结束；

4．一周后对比两盘种子。

## ◎有趣的发现：

你会发现，被纸箱罩上的那盘种子跟放在阳台上能见到阳光的种子一样，都发芽了。

皮皮："好奇特啊！我也要试下！"

丹丹："大叔，为什么见不到阳光的那盘种子也一样发了芽啊？"

孔墨庄叔叔："这说明麦子种子的萌发和阳光没有多大关系。因为在水分充足、空气流通和温度适宜的环境下，麦子种子只依靠它们自己内部贮藏的养料和营养就能够萌发，并不需要进行光合作用，所以有没有阳光的照射，对它们自然就没什么影响了。"

虽然许多植物种子萌发时不需要阳光，但是从它们的嫩芽破土而出的那一天起，阳光就是它们生命中必不可少的一部分了。植物与动物不同，它们没有消化系统，因此它们必须依靠其他的方式来摄取营养。而大部分绿色植物会在阳光充足的白天，利用阳光进行光合作用来获得生长发育所必需的营养。

皮皮："哈哈，真是愚蠢的实验！"

孔墨庄叔叔："为什么要这么说？"

皮皮："只要动动脑筋就知道种子发芽跟阳光没有关系了！"

孔墨庄叔叔："说来听听。"

皮皮："我爷爷每年去种玉米的时候都会带上我。我们把玉米种子埋进土壤里，过段时间它们就发芽了。埋在地里不就意味着见不到阳光吗？"

孔墨庄叔叔："是啊！玉米种子发芽也是这个道理，你总算聪明一次了！"

皮皮："哼！我一直都很聪明！"

# 玉米向下跑

**需要准备的材料:**

☆ 一簸箕湿沙土

☆ 几粒玉米种子

☆ 一把小刀

◎**实验开始:**

1. 将玉米种子放在湿沙土里,保持
适宜的温度和湿润的条件;

2. 待种子长出 1 ~ 2 厘米的根时,
选出两株,将它们的根沿水平方向
放置;

3. 把其中一株玉米根的尖端切去;

4. 一周后观察两株玉米根的变化。

## ◎ 有趣的发现：

几天后会发现，没有切除尖端的根自动向下弯曲生长，而切去尖端的根似乎迷失了方向，径直沿水平方向生长。

嘉嘉："怎么会这样？"

丹丹："是啊，为什么呢？"

孔墨庄叔叔："植物的根一般都能'感觉'到重力的刺激，因此具有向地生长的特性，所以水平放置的根会弯曲并自动向下生长。而只有位于根部尖端的根冠，才有能力感受和控制根的这种特性，并受重力的影响，分泌出一种可以控制根的弯曲方向的生长素。所以，根冠一旦被切除，根就不会再向下弯曲了。"

玉米作为一种粮食作物，在世界上各地都广泛地分布，种植面积仅次于排在第一位和第二位的小麦和水稻。种植范围最北可以到达加拿大和俄罗斯，最南可至南美洲。由于世界各地的气候各不相同，地球上几乎每个月都有玉米成熟。玉米是美国最重要的粮食作物，因而美国的玉米产量占了世界产量的一半。中国的玉米年产量仅此于美国，排在了世界第二位，其他玉米产量大国还有巴西、墨西哥和阿根廷。

皮皮："什么植物没有根？"

孔墨庄叔叔："浮萍。"

皮皮："没根的植物才自由！"

孔墨庄叔叔："哈哈，傻小子。你没听说过根深才能叶茂吗？"

皮皮："哼，叶茂有什么用？"

孔墨庄叔叔："当然有用了。没有根的浮萍就像没家的人，你说可怜不？"

# "探头" 的牵牛花

**需要准备的材料:**

☆ 几粒牵牛花籽

☆ 一个大一点的纸盒子

☆ 一个花盆

## ◎实验开始:

1. 把牵牛花籽种在小花盆里;

2. 在纸盒内用硬纸做一个隔墙,将盒子内部分为两部分,并在隔墙的下方留一点空隙;

3. 等到花籽发芽长成幼苗后,将小花盆放进盒子中隔板的左侧;

4. 在隔墙右侧的盒壁上开一个小窗,然后盖上盒盖,把纸盒放在阳台上;

5. 一周后观察有何变化。

## ◎有趣的发现：

一个星期后，你会发现，牵牛花秧会穿过隔板下方的缝隙，自隔板的左侧空间钻到右侧空间，并从小窗中探出来。

皮皮："为什么会这样？"

孔墨庄叔叔："在植物细胞里有一种对光线非常敏感的生长素，它可以控制植物发育和生长的方向，所以呢，只要盒内有一点光线存在，这种生长素就能发挥作用。"

只要我们细心观察，就会在许多植物的身上发现这种向光生长素作用的痕迹。其中，向光性最强的植物之一，就是我们都很熟悉的向日葵了。光是听它的名字，就知道它是向着太阳光所在的地方生长的。太阳就好像是向日葵的心上人一般，当它自东方升起时，向日葵的花盘就会迎向东方，直直地注视着它；当它移动到正空时，向日葵还是不知疲倦般地仰着头盯着它瞧；等到它落向西方时，向日葵还毫不放弃地追随着它的身影；直到太阳消失了踪影，夜幕降临，空留向日葵垂头丧气地在那里黯然神伤。

此外，有些树木每日朝向阳光的那一侧，通常都是枝繁叶茂，并向着太阳的方向努力延伸着；而背光的那一侧通常枝叶有些稀疏，生长速度也很慢。

皮皮："人要是有向光性就好了！"

孔墨庄叔叔："为什么？"

皮皮："这样就不需要指南针了！"

孔墨庄叔叔："傻小子，向光性只能让你成为跟屁虫。"

皮皮："为什么？"

孔墨庄叔叔："你得跟着太阳走呀！"

# 油菜的水哪去了？

需要准备的材料：

☆ 4片大小相同的油菜叶

☆ 一把小刀

☆ 一盒凡士林

◎**实验开始：**

1．在一株油菜上剪取4片大小相同的叶片，把叶柄的切口处分别涂上凡士林；

2．把4片叶子分别标上"1""2""3""4"四个号码，用纸牌标好固定在线上；

3．把1号叶片的上下表面都涂上凡士林；

4．把2号叶片的上表面涂上凡士林；

5．把3号叶片的下表面涂上凡士林；

6．最后用带牌号的线栓住4片叶子的叶柄挂在通风的地方。

## ◎有趣的发现:

过两三天后，1号叶片仍旧鲜绿鲜绿的，就好像刚刚从油菜茎上剪下来一样。2号叶片，凡士林只涂在叶片上表面，叶片枯黄了。3号叶片，凡士林只涂在下表面，叶片鲜绿如新。4号叶片没有涂凡士林，整个叶片已枯黄萎缩了。2号和3号两片叶，因为涂的表面不同，所以出现了很大的差异；而1号与4号叶片的差异就更大了。

皮皮："为什么会这样?"

孔墨庄叔叔："这是因为所有的植物叶片都长有气孔，植物除了靠根来吸收水分外，还靠叶片上的气孔来吸收水分和交换空气。因此，当用凡士林堵住被剪下的油菜叶面时，水分就不会通过气孔蒸发，因此在两三天后依旧保持新鲜的模样，而没有被凡士林涂抹的叶片则因水分蒸发而变得枯黄。至于涂抹了上表面或下表面所导致的不同结果，则是因为陆生植物的叶子背面气孔比正面多，如果气孔多的背面没有被堵住，水分蒸发的速度就会加快，那植物就会逐渐枯黄了。"

油菜也叫油白菜，最早就生长于我国。油菜的叶片是深绿色的，菜柄跟白菜的菜柄相似，是十字花科的白菜的一类变种。油菜的生命力很强，适应能力也很好，我国大江南北皆有种植，因此一年四季都可以在市场里买到。油菜是一种营养很丰富的蔬菜，也是人们喜欢食用的主要蔬菜之一。

油菜还有一定的药用价值，患有口腔溃疡、齿龈出血、牙齿松动和癌症都适合经常食用它。

皮皮："我们为什么要用凡士林？"

丹丹："或许是怕手上的水分流失掉吧！"

皮皮："真是愚蠢，多喝水不就OK了。"

孔墨庄叔叔："水喝多了你老想上厕所。"

# 胡萝卜爱"喝水"

**需要准备的材料：**

☆ 一根胡萝卜　☆ 一瓶墨水

☆ 一把小刀　　☆ 一小块泡沫

☆ 一袋白糖　　☆ 一根吸管

☆ 一杯水

## ◎实验开始：

1．将胡萝卜洗干净，用刀在上端挖一个 2 ~ 3 厘米深的小窟窿；

2．用水把小窟窿洗干净，并清除掉窟窿里的碎块；

3．在小窟窿中灌入由水和糖混合成的糖水，水和糖的比例为1：2，并在糖水中滴入一点墨水，使它染上红色或蓝色；

4．用穿了孔的泡沫块把小窟窿塞紧，孔里插入一根透明的吸管；

5．用刀削掉根的下端，使水更容易通过根部；

6. 把根放到盛水的玻璃杯里。

◎ **有趣的发现：**

半小时后就可以看到溶液沿着吸管缓缓上升。

皮皮："哇！太神奇了！"

丹丹："怎么会变成这样啊？"

孔墨庄叔叔："这是因为胡萝卜是长在地底下的，也就是整个植株的根部。胡萝卜以直根入土，根系扎的很深；其他以须根入土的植物，根系扎得就浅一些。相对来说，胡萝卜这种直根入土的植物，根部吸水能力也比其他以须根入土的植物要强得多。因此，将削掉一段根部的胡萝卜放入水中，它会以很快的速度吸收大量的水，而它体内的水分一旦增加，就会压迫被泡沫塞住的小窟窿里带颜色的水顺着吸管向外排出，也就是我们刚刚看到的现象了。"

胡萝卜除了富含胡萝卜素之外，还富含多种维生素和矿物质，是一种对人体非常有益处的蔬菜。胡萝卜中所含有的维生素B2和叶酸具有抗癌作用，经常食用可以降低癌症的发病率，因此被称为"预防癌症的蔬菜"。在美国，已经有科学家用研究结果向社会各界表明常吃胡萝卜可以预防肺癌。

皮皮："听说胡萝卜很有营养。"

丹丹："那当然！而且还能美容。我就非常爱吃。"

皮皮："那你为什么还那么丑？"

丹丹："……"

# 变甜的土豆

需要准备的材料：

☆ 两只大土豆
☆ 一把小刀
☆ 一袋白糖
☆ 一个盘子
☆ 一口锅

◎ **实验开始：**

1．拿两只大土豆，把其中一只放在水里煮几分钟；

2．把两只土豆的顶部和底部都削去一片，然后在两个土豆顶部的中间位置各挖一个洞；

3．在每个洞里放进一些白糖，然后把它们直立在有水的盘子里。

## ◎有趣的发现：

几个小时以后，生土豆的洞里充满了水，而熟土豆里仍然是白糖颗粒。

皮皮："难道生土豆口渴吗？"

孔墨庄叔叔："当然不是，这是因为生土豆的细胞是活的，每一个细胞就像一个小小的孔道，能够让水分子从这里通过。所以盘里的水能够经过土豆细胞渗入洞中。而煮过的土豆细胞已被破坏，孔道不存在了，所以没有渗透功能。不信你可以尝尝放生土豆的盘子里的水，有甜味吗？肯定没有。怎么回事呢？其实原因是在细胞膜上。土豆的细胞膜好像筛子一样，只可以让小于筛子孔的物质通过，大于筛子孔的物质就过不去了。而白糖的分子比较大，通不过细胞膜，盘里的水当然就不会甜了。"

在气温较暖、保管不善的情况下，土豆会长出嫩芽，这样的土豆在表皮和芽眼中含有龙葵素物质。龙葵素毒性很强，一个人只要吃进一点点，就会中毒，出现头痛、头晕、恶心、呕吐、腹泻等症状，严重时还会因呼吸麻痹而死亡。

皮皮："听说多吃土豆，既有营养，又不会引起肥胖呢！"

丹丹："真的吗？我最喜欢吃炸薯条了，以后我要天天吃！"

孔墨庄叔叔："呵呵，那你可要失望了，薯条和薯片这种油炸或膨化食品，反而会导致体重增加。"

皮皮："哈哈，我说丹丹最近怎么好像变圆了！"

丹丹："哼，那是你的眼睛有问题！"

# 水培植物

**需要准备的材料：**

☆ 一个外形美观、大小适中的新鲜洋葱

☆ 两根细木棍或竹丝

☆ 一个杯口比洋葱大一点的水杯

## ◎ 实验开始：

1．把洋葱洗干净之后，用两根细木棍或竹丝以十字状将它穿过，并架在杯口上；

2．在杯里倒入清水，保证洋葱的小部分根须能浸在水中；

3．把杯子移到阳台上。

## ◎有趣的发现：

数天以后，洋葱便可长出长长的根和嫩绿的叶。

嘉嘉："呵呵，还挺漂亮呢！"

丹丹："是，我也要试下！说不定以后可以帮妈妈养花了！"

孔墨庄叔叔："植物适不适合水培，要看它们的习性和内部的结构。不同的植物，对水中的容氧量的需求也各不相同。无法进行水培的植物，是因为水中的容氧量不能满足它的需求。有些植物的体内具有很发达的通气组织，因而利用光合作用产生的氧气就可以通过这些通气组织来维持植物自身的呼吸；还有些植物在茎部长有气生根，这些气生根可以在空气中吸收大量的氧气来维持自身的呼吸。因此，这类植物都适合水培。而洋葱根部的通气组织比较发达，能够大量吸收水中的氧气，因此比较适合水培。"

很多人都喜欢在冬日里用水盆养一株水仙，因为水仙不需要人们细心地去照料，把它的块茎放进一个装有浅浅的水的盆中，用不了几天，它就会长出娇嫩葱绿的叶，开出美丽清香的花。这也是由于水仙的根部通气组织比较发达。

皮皮："知道我拳头硬的缘故吗？"

丹丹："闭嘴吧，大家谁不知道你是坏小子！"

孔墨庄叔叔："呵呵，我想跟洋葱有关系，因为洋葱很有营养，常吃能使你的身体变强壮。"

皮皮："嗯，我们全家都很喜欢吃爆炒洋葱……"

丹丹："我知道了！你是用拳头把洋葱打碎的吧。"

皮皮："嗯。"

孔墨庄叔叔："这是为什么？"

皮皮："因为我妈妈懒得动刀。"

# 二氧化碳哪去了

**需要准备的材料：**

☆ 一个有严实盖子的玻璃瓶

☆ 几棵能插进瓶里的植物，例如青草

☆ 一根蜡烛

☆ 一根铁丝

◎ **实验开始：**

1. 在瓶底放一些泥土；

2. 把几棵植物栽到瓶子里；

3. 种好植物后，在泥土上浇一些水；

4. 取一根蜡烛，拴上一根铁丝，以便能放
入瓶内或取出来；

5. 把蜡烛点燃，放入瓶内，然后把盖子盖严，
不要让空气进去；

6. 过12～24个小时后，小心地取出蜡烛，立即
把盖子盖好；

7. 点燃蜡烛后再放到里面；

8. 把盖好的瓶子放在阳光下，使植物生长；

9. 十天后，点上蜡烛再做第一次的实验。

## ◎有趣的发现:

第一次把蜡烛点燃放入瓶内盖严,蜡烛在里面燃烧了一会儿就会熄灭。过12～24个小时后,小心地取出蜡烛,立即把盖子盖好,点燃蜡烛后再放到里面,蜡烛会立即熄灭。十天后,点上蜡烛再做第一次的实验,你会发现,这次蜡烛燃烧的时间和第一次试验的时间一样长。

嘉嘉:"难道蜡烛有记忆?"

丹丹:"为什么会这样?"

孔墨庄叔叔:"第一次把蜡烛点燃放入瓶内盖严,蜡烛在里面燃烧了一会儿就会熄灭,这是由于里面的氧气用完了。过12～24个小时后,小心地取出蜡烛,立即把盖子盖好,点燃蜡烛后再放到里面,蜡烛会立即熄灭,这是由于瓶子里面还被二氧化碳所占据,没有氧气,在你迅速打开瓶盖的时候,二氧化碳比空气重,所以不会一下子跑出来。十天后,点上蜡烛再做第一次的实验,你会发现,这次蜡烛燃烧的时间和第一次试验的时间一样长。这说明了,植物的绿叶吸收二氧化碳,放出了氧气。"

光合作用就是植物利用太阳光把二氧化碳、水和氧气等转化为自身生长需要的有机物、葡萄糖和淀粉的过程。因此植物必须进行光合作用，就如同我们必须吃饭一样。植物也有呼吸，并且不管是白天还是黑夜都不曾中断。由于白天植物可以进行光合作用，因此植物在白天主要吸收二氧化碳、放出氧气；但是夜间植物几乎无法进行光合作用，因此就只会吸收氧气、放出二氧化碳。

皮皮："我最讨厌植物供给我们氧气的说法了，感觉怪怪的。"

丹丹："那是因为你不热爱大自然！"

皮皮："安静点吧，你总是喜欢跟我作对。"

孔墨庄叔叔："呵呵，植物供给我们氧气的行为，很值得我们热爱它们。"

皮皮："可是，我们还供给它们二氧化碳了呢！"

# 糯米和粳米

需要准备的材料:

☆ 几粒煮熟的糯米粒和粳米粒

☆ 两块玻璃片

☆ 一瓶消毒用的医用碘酒

◎ 实验开始:

1. 把煮熟的糯米粒和粳米粒,分置于两块玻璃片上;

2. 取一瓶消毒用的医用碘酒,分别在两块玻璃片上滴上一滴碘酒。

## ◎ 有趣的发现：

粳米粒和碘接触呈现出蓝色，糯米粒和碘接触呈现出红棕色。

皮皮："糯米和粳米中淀粉含量都高，为什么遇碘会变成不同的颜色呢？"

孔墨庄叔叔："富含淀粉的作物，在被煮熟的过程中，内部的淀粉会在不同程度上被溶解一部分，而溶解的那部分叫直链淀粉，与碘作用会变成蓝色。其余未溶解的那部分叫支链淀粉，与碘作用会变成红棕色。在煮熟的粳米中，淀粉溶解得比较彻底，因此含有大量的直链淀粉，所以滴上一滴碘酒后，就呈现出蓝色；而在煮熟的糯米中，淀粉基本上没有被溶解，因此含有的淀粉基本上都是支链淀粉，所以滴上碘酒后呈现出了红棕色。这样一来，我们就可以凭借这个实验来区分糯米和粳米。"

淀粉在水中被加热的过程中，会溶解出一些糊状的溶液，这种现象就是淀粉的糊化。淀粉的糊化可以使食物中的团粒结构发生改变或者被破坏掉，因而具有帮助人体消化的作用。这也是我们吃了煮熟的饭会感觉很舒服，而吃了夹生饭却经常消化不良的原因。不过已经糊化了的淀粉，在冷却的时候会出现回生的现象，由软变硬，跟没煮熟之前的状态差不多。所以我们要尽量避免吃冷却了的米饭和面食，不仅口感很差，而且还难以消化。

皮皮："我总是刚吃完饭就感觉到饿。"

丹丹："你的消化系统真是好得可怕，那你以后就只吃没煮熟的米饭吧。"

孔墨庄叔叔："呵呵，那可不行，你可以多吃点糯米，黏性大的食物会让你消化得慢一些。"

# 葱汁会留言

需要准备的材料:

☆ 两根葱

☆ 一支毛笔

☆ 一张白纸

☆ 一根蜡烛

◎ **实验开始:**

1．剪去葱叶，留下葱白；

2．用手挤出葱汁，然后用毛笔蘸葱汁在一张白纸上写字；

3．过一会儿，等葱汁干了，白纸上看不见字迹的时候，把这张白纸放在烛火上烘烤。

床前明月光
锄禾日当午

◎**有趣的发现：**

你会发现，棕色的字显现出来了。

皮皮："厉害，我看我明天就可以成为魔术师了！"

孔墨庄叔叔："这是因为葱汁中含有一层好像是透明薄膜一样的物质，这种物质的燃点比纸低。用它在纸上留下字迹，放在火上一烘烤，它就烧焦了，所以纸上就会显现出棕色的字迹来。除了葱汁以外，柠檬汁、蒜汁、洋葱汁和醋等，都有这种特性，所以古人曾用这种方法来写密信。"

葱共分四种：冬葱，它的茎呈白色，叶呈绿色，极为柔软；汉葱，茎厚实坚硬，而味道很淡；胡葱，茎和叶子粗短；还有一种楼葱，也叫龙爪葱。每根茎上长有形状像龙爪的枝桠。

皮皮："我只听说过用墨水写字。"

丹丹："那是因为你孤陋寡闻。"

孔墨庄叔叔："呵呵，用笔写字更方便。"

皮皮得意地笑了笑。

丹丹撇了撇嘴。

# 番茄带电了

**需要准备的材料：**

☆ 两根铜芯电线

☆ 一只曲别针

☆ 一只番茄

◎**实验开始：**

1．把曲别针的一头弄直并插入番茄里；

2．分别把两根电线两端的塑料皮剥去，然后将其中一根电线的一端插入番茄；

3．插入番茄的曲别针和铜芯线尽量靠近但不能相碰；

4．将另一根电线一端的铜丝线与曲别针牢固地连接在一起；

5．用你的舌尖接触从番茄中引出的两根线，看有什么感觉。

## ◎有趣的发现：

你会发现，舌尖会有酸味与刺痛的感觉。

皮皮："嘉嘉，你应该尝试下？"

嘉嘉："哼！我比你勇敢多了，早试过了！"

孔墨庄叔叔："舌头上那种麻麻的感觉，就是电流导致的。在一种叫作电解液的溶液中，只要放入两种不同的金属，就能形成电池。而番茄的汁液就是一种电解液，铜线和曲别针则是两种金属。把铜线和曲别针插进番茄，就组成了电池，因此当你们用舌尖去碰触两根电线的尖端时，舌头就会感觉到微弱的电流了。"

过去的中国人习惯把那些从西方国家传入中国的事物称为"番某某"或"西某某"。番茄的外形，与我们常见的圆形的小个儿紫皮茄子很相似，因此才被称为"番茄"，意思是"外国茄子"。但是，番茄还与中国的柿子长得很像，因此很多中国人又叫它"西红柿"，意思是"西方国家的红色柿子"。知道了这两个名字的含义之后，你是不是觉得很有趣呢？

皮皮："原来只要是前面带有'番'和'西'字的东西，就是从外国传进来的啊。"

孔墨庄叔叔："那你知道还有什么吗？"

丹丹："我知道！还有西芹、西兰花、番薯和西瓜！"

孔墨庄叔叔："恩，丹丹的思维转换的真快。"

皮皮："哼，这些我都知道，只不过想给她一个表现的机会而已。"

孔墨庄叔叔："……"

# "奉献自己" 的红茶

**需要准备的材料：**

☆ 一个已经泡过的红茶包　　☆ 一块玻璃片

☆ 一个带玻璃盖片的广口瓶　☆ 一把镊子

◎ **实验开始：**

1．把已经泡过的红茶包晾干；

2．点燃一根香烟，用广口瓶倒立着收集一些烟雾，保持瓶口朝下，把玻璃片从一侧推着盖上；

3．把广口瓶倒过来，小心地把玻璃片移开一点，迅速把红茶包放进瓶内，推回玻璃片；

4．半小时以后打开，用镊子把红茶包取走，闻一下瓶内的空气，会发现什么？

## ◎有趣的发现：

当把红茶包放进广口瓶里后，你会发现，瓶内的烟雾越来越少，最后完全消失了，半小时以后，闻一下瓶内的空气，几乎闻不到烟味。

丹丹："真厉害，怎么会这样？"

孔墨庄叔叔："这是因为红茶把有害的烟雾全都吸附在自己身上了。正是因为它具有这种特性，许多人都喜欢在冰箱、鞋柜等容易出现异味的地方放置几个这样的红茶包，以起到消除异味的作用。"

红茶原产自中国，最早被发现的红茶是生长在中国福建省武夷山茶区的"正山小种"。红茶属于全发酵茶类，以每株茶树幼嫩的芽叶为原料，经过许多道复杂、讲究的工序精制而成。红茶在最开始被人们称为"乌茶"，后来因为它被冲泡之后茶汤呈红色，才又被改称为"红茶"。我国的红茶种类很多，但是最为有名的还要数祁门红茶了。

皮皮："我要买红茶。"

丹丹："应该让嘉嘉用点红茶。"

皮皮："干什么？"

丹丹："除除他身上的臭味。"

# 大树几岁了

**需要准备的材料：**

☆ 一段比较粗的树干

☆ 一把锯子

◎**实验开始：**

1. 用锯子将这段树干锯断；

2. 仔细观察，你会发现什么？

## ◎有趣的发现：

你会发现，树干截面有几圈花纹。

嘉嘉："是不是因为树都是转着圈生长造成的啊，呵呵！"

皮皮："我发现你头顶上也有一圈圈花纹！"

嘉嘉："去你的！别瞎说！"

孔墨庄叔叔："这些圆形的花纹，叫作年轮。一棵树有多少圈年轮，就意味着它有多少岁。这是因为树木在每年的春夏时节都会生长出大量的新细胞，但是这些新细胞的个头儿比较大，因此由它们组成的木质较为疏松，颜色也较浅。而进入秋天后，天气由暖变冷，降雨量也少了，新细胞的生成速度减缓，生长出的细胞的个头儿也变小了，因而木质质地细密，颜色也深。而这些木质由于疏密和颜色深浅不同，就形成一圈清晰的年轮。年复一年，年轮也就不断增多了。"

年轮的宽窄与树木生长的环境和它自身的生命强度都有直接的关系。一般在气候条件优越的情况下，树木的生长环境好，新生的木质部分就多，年轮也就较宽；反之，年轮就窄。因此如果树木的年轮一直比较宽，就表示它的生长力很强，生长环境也很优越。还有的树木年轮一直很窄，可是数年后突然就变宽了，这表明近几年当地的环境和气候都变得很适宜，对树木的生长有利。

皮皮："人要是有年轮就好了。"

孔墨庄叔叔："为什么？"

皮皮："那就能看出人的年龄了。"

# "流血"的花

**需要准备的材料：**

☆ 几朵淡色花

☆ 一瓶红墨水

☆ 一把小刀

◎**实验开始：**

1. 将花茎插到红墨水中，约一两天的时间，直至花朵变色，花茎不再滴水为止；

2. 用小刀切去一小截花茎；

3. 过一段时间，观察茎的切口，看会发生什么。

## ◎有趣的发现：

没多久，便可以从茎的切口上，看见点点落下的"血"滴。

丹丹："哇，好可怕，流血了！"

孔墨庄叔叔："这朵'滴血'的花是利用植物的毛细现象制作而成的。液体的表面对固体的表面有一种吸附作用，比如一根空心管插入一杯液体中，液体会顺着空心管上升到一定的高度，而这种作用就是毛细作用。因此，将花茎插在红墨水中浸泡一两天，花茎可以利用毛细现象充分吸收红墨水，这时再切开花茎，茎内的红墨水便会宛若血液般滴下来。"

毛细现象在我们的生活中有着广泛的应用，比如很多人都很喜欢养一些植物盆景，但又由于一些原因而经常忘记浇水，因此盆景植物常常因为缺少水分而干枯。这时毛细作用原理就派上用场了，我们可以找一个空饮料瓶子，并将它装满水。然后用几条布片搭在上面，保证瓶内部分浸在水中，过一段时间你会发现水竟然沿着布片向瓶子外面慢慢流出来了。这样一来，只要将这个自制的小装置放在植物盆景旁边，它就可以帮我们为植物盆景及时地浇水啦。

皮皮："好雨知时节，当春乃发生……"

丹丹："你想说什么？"

皮皮："随风潜入夜，润物细无声！"

孔墨庄叔叔："呵呵，你是想说植物的毛细现象吧。"

皮皮："嗯，还是大叔聪明。"

# 桦树在喷水

需要准备的材料：

☆ 一棵桦树

☆ 一个塑料袋

☆ 一根细绳

◎ 实验开始：

1. 在桦树长有叶子的枝条上绑一个塑料袋；

2. 用细绳缠好袋口，观察现象。

◎有趣的发现：

你会发现，塑料袋内会逐渐变得潮湿，一段时间以后，袋壁上会附着很多小水滴。两天后，在塑料袋的底部会聚集起一些水来。

丹丹："为什么会这样？"

孔墨庄叔叔："这是因为天气炎热时，叶子会蒸腾出相当多的水分。这是因为树木在炎热的夏天要想降低自身的温度以抵御酷暑，并加速整个躯体的水分传递来抗衡干旱，就需要叶子通过蒸腾作用来产生动力，使根部的吸水能力增强，为各个部分输送水分的速度加快，以达到自我保护的目的。这时，如果将一部分叶子套在塑料袋子里，叶子蒸发出的水分就无法挥散在空气中，而是在塑料袋子的袋壁上凝成水滴。当水滴过多时，就变作水流流向塑料袋的底部了。在夏天，一棵成熟的树木每天能够蒸腾出大约400升的水呢。"

如果你在白桦树的树干上钻一个小孔，然后将一截空心管插入小孔，就会看到一些液体慢慢地顺着空心管流出。如果用干净透明的空瓶子将这些汁液收集起来，你会发现它的颜色是透明的或略带微黄。这种液体是白桦树的天然汁液，在俄罗斯有许多人都会用这种方法将白桦树汁收集起来，制作成各种饮料，对人体非常有益，被人们誉为"血液的清道夫"和"人类健康的保护神"等。

丹丹："人一天要散发出多少汗水？"

皮皮："我更关心狗一天散发多少汗水。"

丹丹："甭废话，问狗去！"

孔墨庄叔叔："……"

# 花怎么了

需要准备的材料：

☆ 一簇鲜花

☆ 一个水瓶

◎**实验开始：**

1．将一簇美丽、鲜活的花朵从根部剪下来；

2．将剪下来的花插入装有水的瓶中；

3．过一天，观察花有何变化。

## ◎有趣的发现：

次日，你会发现，这簇插枝鲜花竟然蔫蔫地垂着头，毫无活力了。

嘉嘉："为什么鲜花这么快就垂头丧气呢？它并不缺少水分啊？"

孔墨庄叔叔："将鲜花从水中提起，看看它与刚剪下来时有什么不同。你会发现，最大的不同是在花枝的剪口的截断面有一层薄薄的糊状的东西。原来，花朵从水中吸取养料和呼吸的过程中，会向根部排出一种物质。而现在，花枝的根部已经不存在了，它们就只好积蓄在剪口的截断面上。而要命的是，截断面恰好是花朵吸取水分的重要通道，这么一来，通道便被堵死了，花儿吸不到水分了，自然就垂头丧气了。当然，如果花瓶中的水不干净，也容易堵住花枝的截口处。"

皮皮又问："那鲜花还有救吗？"

孔墨庄叔叔："当然有。当你的鲜花刚一垂头时，你赶紧将花枝的末端一小段剪去，再把花枝插入装满干净冷水的容器中，留花头露于水面，过两小时左右，鲜花就会苏醒过来啦。"

花梗是花朵和茎相连的短柄。花梗有长有短，视植物种类而异，例如垂丝海棠的花梗很长，而贴梗海棠的花梗就很短，有些植物的花没有花梗。花梗有分枝的，也有不分枝的。分枝的花梗称小梗，顶端着生一花。花梗的结构和茎的结构是相同的。

皮皮："这回我可以买玫瑰了！"

丹丹："是要送给我吗？"

皮皮："不，我家的猫总喜欢叼着玫瑰到处跑。"

丹丹："……"

# 抗寒的松树

需要准备的材料:

☆ 一簇松针

☆ 一片宽草叶

☆ 一架显微镜

◎实验开始:

1．从公园里摘几根松针，再从家里的花草上摘一片宽叶子，放在鼻子底下仔细闻一下；

2．然后放在显微镜下观察。

## ◎有趣的发现：

花草的宽叶子有青草的气味，而松针却有一股油脂的气味。放在显微镜下观察，花草的叶子表面只有薄薄的一层膜，蒸发水分用的小孔也很明显，而松针的表面则布满了油脂，几乎看不到蒸发孔。

皮皮："润肤油是不是和松针上的油脂一个功效呢？"

孔墨庄叔叔："松针裹着一层厚厚的油脂就好像穿上了温暖的棉衣一样，既阻止了水分的蒸发，又起到了御寒的作用，加上松针的表面积很小，蒸发的水分就更少了。所以秋天来临，梧桐等阔叶植物纷纷落叶时，松树仍是满树叶子，即使在干旱寒冷的冬天，松树依然能够苍翠碧绿。就像你的小脸蛋在秋天涂上润肤油就不会干裂了一样！"

松树自古以来，无论在哪个国家都深受人们的喜爱，具有很高的观赏价值。在中国，无论是皇家的古典园林，还是居民区中，都能见到松树那挺拔的身姿。松树的种类有很多，可以说得上是千姿百态。在北京的北海公园和颐和园中，你能看到油松和白皮松；人们家中摆放的树桩盆景中，通常栽种的是五针松；如果你登上黄山，可以看见闻名遐迩的迎客松；在东北的长白山中还长着漂亮的美人松。真是令人在惊叹之余，又对它们充满了喜爱之情。

这天早晨，皮皮来到丹丹的家。

皮皮："丹丹，我要送给你一样东西。"

丹丹："为什么要送我东西呀？你要送我什么？"

只见皮皮从兜里掏出一瓶润肤油。

丹丹："咦，你为什么要送我润肤油呀？我从来也不用这东西的。"

皮皮："昨天孔墨庄叔叔做实验的时候不是说了吗，因为松针上有油脂，所以松树可以在冬天也苍翠碧绿。而你擦了润肤油，皮肤不会干裂，就会永远漂亮了！"

# 无土照样长大

需要准备的材料：

☆ 一块布

☆ 一根带叶子的完好的萝卜

☆ 一把小刀

☆ 一个水盆

☆ 一根牙签和一根线

◎ 实验开始：

1．将布展开浸泡在水中；

2．将萝卜用刀横切成两半，取带叶的那一半放置在水盆里；

3．将装有萝卜的水盆放置在有阳光的地方，并保持水盆中的布是湿润的；

4．如此等上几天，一直到萝卜顶端发芽了，再用小刀小心地在萝卜的切面挖一个小洞；

5．将牙签穿进萝卜中，并用线将萝卜拴住，使发芽的一面向下，然后挂在阳光能照射到的窗户前；

6．定期给萝卜的洞里浇点水，保持水分的充足；

7．一周后观察有何情况发生。

## ◎有趣的发现：

再等上一段时间，你就会发现，这个被吊起来的萝卜苗壮地生长了，好似一盆漂亮的萝卜盆栽，好看极了！你会奇怪，萝卜并不是水生的植物，为什么会变化成漂亮的萝卜盆景呢？

丹丹："哇，看来，我会种萝卜盆景了，大叔，为什么会这样啊？"

孔墨庄叔叔："萝卜绿叶以下的部分是它的根部，因此吸水能力很强，它内部的组织传送水分的能力也很强。当我们将萝卜吊起来后，就相当于为萝卜的绿叶提供了一个水分充沛的花盆。而如果我们定期浇水，这个花盆就可以为我们的萝卜盆景提供充足的水分，萝卜盆景自然可以茁壮成长了！"

植物一般可以分为陆生植物和水生植物。陆生植物扎根于土壤中，因此为了能从土壤中吸收水分和养分，它们的根系通常都很发达。为了便于输送养分和水分，它们的茎通常又强韧又笔直。并且根与茎都有厚厚的表皮包裹着，以减少水分的流失。而水生植物生长在水里，水分充足的生长环境使得它们的表皮变得极薄，便于吸收水中的水分和养分。因为水生植物的身体就可以吸收水分，所以它们的根通常都不发达。甚至有些水生植物之所以有根，只是为了起一定的固定作用，而不是吸收水分和养分。

皮皮："兔子为什么喜欢吃萝卜？"

丹丹："你为什么喜欢吃肉？"

皮皮："我除了肉还喜欢吃菜！"

丹丹："我家的兔子还吃烤串呢！"

孔墨庄叔叔："……"

# "变脸" 的牵牛花

需要准备的材料：

☆ 三朵紫色的牵牛花

☆ 一小瓶清水

☆ 一小瓶肥皂水

☆ 一小瓶醋

☆ 三块木质板

◎实验开始：

1．把三朵紫色的牵牛花分别放在三块木质板上；

2．在第一朵牵牛花上滴上几滴清水，过一段时间观察牵牛花有什么变化；

3．在第二朵牵牛花上滴上几滴醋，过一段时间观察牵牛花有什么变化；

4．在第三朵牵牛花上滴上几滴肥皂水，过一段时间观察牵牛花有什么变化。

清水　　　　　　　醋　　　　　　　肥皂水

## ◎有趣的发现：

第一朵被滴了几滴清水的牵牛花，并没有出现变化；在第二朵牵牛花上滴上几滴醋之后，牵牛花开始慢慢地呈现出紫红色；在第三朵牵牛花上滴上几滴肥皂水之后，牵牛花会很神奇地呈现出紫蓝色。

丹丹："哇，好漂亮啊！"

皮皮："天啊，这些花怎么会变出这么多颜色啊？"

孔墨庄叔叔："这是由于花瓣中含有大量色素，有的花含有红色的色素，有些花则含有蓝色或紫色的色素。这些色素有个统一的名字，叫作"花青素"。花青素有一个特点：当它遇到酸性的物质就会变成紫红色；遇到碱性的物质就变成蓝紫色。醋是酸性的，因此牵牛花中紫色的花青素就变成了紫红色；肥皂水是碱性的，因此牵牛花中的花青素就变成了蓝紫色。每天从早晨到晚上，随着二氧化碳含量变化，空气中的酸碱度也在变化，因此开放在花园里的牵牛花的花色在一天之中也是有变化的。"

牵牛花每天总是在太阳初升时就吹起了它们的"小喇叭"，仿佛催促着人们快点开始新一天的劳作。它不如牡丹那般雍容华贵、饱满硕大，也没有兰花那般灵动出尘，更不似梅花那般铮铮傲骨。但是它却尽其所能地将生命力放大到极致，它会抓住一切依托，努力向上攀爬。它从不挑剔生长的环境，无论是田野里、普通人家的墙边，还是小路的两侧，都有它的身影。

皮皮："为什么叫牵牛花呢？"

丹丹："这个说来话长。"

皮皮："那就长话短说！"

丹丹："这……你还是查工具书吧。"

# 让你流泪的洋葱

需要准备的材料：

☆ 两个洋葱
☆ 一把小刀
☆ 一台冰箱
☆ 一个菜板

◎ **实验开始：**

1．用刀在菜板上切洋葱，看自己的眼睛有何感受；

2．把洋葱放在冰箱里冷冻20分钟；

3．然后切冷冻后的洋葱，看眼睛有何感受。

## ◎有趣的发现：

你会发现，切常温下的洋葱，会让你的眼睛受不了，进而不断地流泪。但是，当你切冷冻后的洋葱时，却会发现眼睛并没有受多大的刺激，而且也不会流泪。

皮皮："以后切洋葱的事我就留给别人做吧！"

丹丹："哎，我得多准备几块手绢。"

孔墨庄叔叔："这是因为我们在切洋葱的同时，洋葱内部的细胞也跟着被切破了，它们会释放出一种能够生成气体的酶。这种酶与眼睛接触后，会立即产生浓度适中的硫磺酸，通过对眼睛产生刺激，来促使大脑向泪腺发出信号，命令它们产生更多的液体，以冲出眼睛中的硫磺酸。而在冰箱里冷冻过一段时间的洋葱，会因低温的作用而使酶的释放速度减慢，因此它所产生的硫磺酸的刺激作用也相应减小许多，我们在切洋葱的时候就不那么容易流泪了。这种酶主要集中在洋葱的根部，因此当我们切洋葱时，如果想要减少对眼睛的刺激，就要尽量避免先切到洋葱的根部。"

早在5000多年前，洋葱就被人类发现了。后来它从埃及辗转传到地中海地区，直到20世纪初才传入我国。被美国引进之后，又流传到了日本，种颜色的洋葱，分别是黄色皮洋葱和紫色皮洋葱。我们在菜市场中能看到两葱每一层的肉质都比较厚，水分也很充足，口感也较好；紫色皮洋葱每层的肉质都比较薄，所含水分较少，存贮时间不色皮洋葱每层的肉质都比较薄，所含水分较少，存贮时间不直讨长。迄今为止，世界上最大的洋葱是一位叫作彼得·格莱兹布鲁克的英国老人种植的，这颗洋葱的重量超过了8千克，不但突破了世界纪录，还荣获了"冠军洋葱"的称号。

皮皮："虽然我爱吃爆炒洋葱，可是我又讨厌看见它！"

孔墨庄叔叔："为什么？"

皮皮："因为妈妈每次面对洋葱就会流泪。"

丹丹："哈哈，你可以让你的妈妈在切洋葱的时候戴上泳镜啊。"

# "苦命" 的黄连

需要准备的材料：

☆ 适量黄连

☆ 一个装有开水的带盖杯子

◎ **实验开始：**

1. 将黄连放进开水中，浸泡30分钟；

2. 30分钟后，品尝黄连水，看有何感觉。

## ◎有趣的发现：

你会发现，黄连水特别苦。

嘉嘉："黄连是一种中药，当然苦了！"

皮皮："你先尝点吧！我就不尝了！"

孔墨庄叔叔："在黄连的根茎中，含有一种黄色的物质，叫作'黄连素'。黄连素是一种生物碱，它的味道特别苦，因此黄连的味道才那么令人却步。曾有科学家做过这样一个实验，将黄连和水以1:250000的比例调成一杯水，喝起来仍然很苦，难怪中国有句俗话叫'哑巴吃黄连，有苦说不出'。"

水

黄连素

黄连是一种具有药用价值的植物，能起到清热解毒、泻火去燥的作用，因此被许多人大规模地种植。要想将黄连培育成药材，非常费工费时，不仅需要及时地补苗、追肥，还要经常进行培土和摘除花苔，整个种植过程需要付出细致的耐心和很大的精力、劳动力。所以，当我们生病需要吃含有黄连素的药物时，就想一想有那么多的人在它的生产过程中付出了汗水，这点苦又算得了什么呢？

大肠杆菌

皮皮："黄连真苦！"

孔墨庄叔叔："良药苦口嘛！"

皮皮："大夫要我喝黄连，我真是命苦！"

# 藕断丝连

需要准备的材料：

☆ 一段藕

☆ 一小杯黑墨水

黑墨水

◎ 实验开始：

1．轻轻地把藕掰断，仔细观察，会发现什么；

2．把藕丝抽出来，一端放在黑墨水中；

3．5分钟后，观察会发生什么。

## ◎有趣的发现：

当把藕掰断时，会发现当中的丝还连着，没有任何要断的迹象。当把它放进黑墨水中5分钟后，会发现，整段丝都变黑了。

嘉嘉："大叔，为什么被掰断的藕还会连着细丝，而且这些细丝会变黑呢？"

孔墨庄叔叔："每个植物的体内都有一个用来运输水和养料的组织，叫作导管。这些导管就像动物体内的血管一样，在植物的叶子、茎杆、花蕾和果实等器官中纵横交错、四通八达。一般植物的导管内壁都是薄厚不均的，那些增厚的部位会呈现出各种纹理，如环状、梯形和网形等。但是藕的导管壁的增厚部位却是呈连续螺旋状的，因此在我们折断藕时，它的导管内壁增厚的螺旋部分会被拉伸成为细丝，不仔细看很难发现。这些细丝的弹性很强，即使被拉长至10厘米左右，也不会断掉，'藕断丝连'这个成语就是由此而来的。如果把这种细丝的一端放在黑墨水中，细丝中的导管内壁就会与墨水的张力发生作用，发生毛细作用，使墨水沿着导管一路被吸附上去。植物的导管可以将根部所吸收的水运送到全身，吸附这点黑墨水就更不成问题了。因此，过不了一会儿，黑墨水就传遍整条细丝了。"

藕原产于印度，后来引入中国。属睡莲科植物，它的中间有一些管状小孔，折断后有丝相连。藕微甜而脆，可生食也可做菜。它的根根叶叶、花须果实都非常有营养。在清朝咸丰年间，就被钦定为御膳贡品了。

皮皮："藕片为什么有那么多孔？"

丹丹："这不正像你吗？"

皮皮："像我什么？"

丹丹："'嘴尖皮厚腹中空'呀！"

孔墨庄叔叔："哈哈！"

皮皮："你们……"

# 香蕉的种子哪去了？

需要准备的材料：

☆ 一根香蕉

☆ 一把小刀

☆ 一块砧板

◎实验开始：

1. 把香蕉的皮剥掉；

2. 用小刀将香蕉切成两段，看看能观察到什么。

## ◎有趣的发现：

你会发现，切开的香蕉的果肉里藏有一颗颗像芝麻般的小黑点。

皮皮："为什么会这样？"

孔墨庄叔叔："许多人都认为香蕉果肉里的这些小黑点是种子，其实那只是种子的空壳而已。香蕉本来是有种子的，而且种子又多又大，果肉却很少。后来经过不断的人工改良，香蕉的雌花就无法受孕结籽了，因此果肉里只有种子壳，却没有种子。但这样一来，香蕉的果肉就变得多了，并且更加香甜。现在，只有在野生香蕉的果实里才能够看到种子。所以，千万不要把香蕉的种子壳误认为是种子，也不要以为它原来就是无籽的。"

香蕉的果肉绵软、香甜，不仅富含蛋白质、糖、钾和多种维生素，还有大量的膳食纤维。常吃香蕉，不仅对人体非常有益，而且还有助于消化，具备通便排毒的功效，因此它还是女孩子们钟爱的减肥佳果。它的内部还含有一种成分，能够舒缓人们的神经系统，使人们产生愉悦感，因此欧洲人还称它为"快乐水果"。

皮皮："隐藏起来的香蕉种子会不会在肚子里发芽？"

孔墨庄叔叔："不会。"

皮皮："为什么？"

孔墨庄叔叔："因为肚子里的环境长不出香蕉。"

# 让舌头发麻的菠萝

需要准备的材料：

☆ 一个新鲜的菠萝

☆ 一盆盐水，浓度适中

盐水

◎实验开始：

1. 将菠萝洗净，切开进食，尽量多吃一点，看会发生什么；

2. 把菠萝放在盐水里浸泡15分钟再吃，看舌头有何感觉。

盐水

148

## ◎有趣的发现：

你会发现，没有被盐水浸泡的菠萝吃多了舌头会发麻，而被盐水浸泡过的菠萝则不存在这个问题，反而是更加香甜可口了。

皮皮："为什么会这样？"

孔墨庄叔叔："吃菠萝时，引起舌头发麻的'元凶'就是'菠萝朊酶'。而盐水能够破坏'菠萝朊酶'中的致敏结构，使它对人体的毒性消失。因此，我们在吃菠萝时，最好先把菠萝的果皮削净，然后切成小块在盐水中浸泡一小会儿，这样就可以避免舌头发麻了。同时，菠萝中含有的有机酸也会分解在盐水里，转化成糖，因此菠萝的味道会更甜。"

菠萝，又叫作凤梨，是一种酸甜可口的热带水果，原产自南美洲，直到16世纪才传入我国。菠萝不像苹果和橘子结在高大的果树上，它们是从地上生长出来的。在每个矮小繁茂的菠萝植株顶端，都只结有一个饱满硕大的菠萝，它的枝叶就好像是莲花宝座一样小心翼翼地在下面托着它。在种植园里，大片的菠萝一行一行排列得非常整齐，放眼望去很壮观。

皮皮："今天怎么不见嘉嘉？"

孔墨庄叔叔："是啊，一天没见了。"

丹丹："肯定是菠萝吃多了，舌头吃坏了。"

孔墨庄叔叔："看来他还不懂得菠萝的吃法。"

# 哇，芦荟死掉了！

需要准备的材料：

☆ 一盆盆栽芦荟

☆ 一个喷水壶

◎ **实验开始：**

1. 将芦荟放在阴凉处；

2. 一天之内用水壶向盆中喷洒两次水；

3. 三天后观察芦荟有什么变化。

◎**有趣的发现：**

你会惊奇地发现，没过几天芦荟就有片叶子烂了，慢慢的，烂的地方越来越大，而且烂的地方还干了。把叶子剪了后，它还会从剪了的地方继续向下干枯。

皮皮问："怎么回事呢？植物不是需要水分吗？"

嘉嘉："浇了水以后，叶子怎么还会变干呢？"

孔墨庄叔叔说："芦荟和其他植物相比，在生长过程中所需要的水分比较少。它反而最怕长期积水，过湿的土壤会导致它的根部因缺氧而腐烂、枯死。我们平时为芦荟浇水时，只需向叶片喷洒少量的水雾就行了，除非花盆里的土过干，否则不要轻易浇水。等到需要浇水时，要沿花盆的边缘均匀、轻缓地浇，还要适时地为花盆里的土壤松松土，不然的话，叶子很容易干枯的。"

# 这种"纸"能吃吗

**需要准备的材料：**

☆ 一串糖葫芦

◎**实验开始：**

1. 将糖葫芦外面的包装袋取下；

2. 把裹在糖葫芦上的薄膜撕下一块，吃下去；

3. 味道好吗？

## ◎有趣的发现：

你会惊奇地发现，裹在糖葫芦外面的那层像纸一样的薄膜，放在嘴里一会儿就化了。并且，味道很好，有一丝丝甜味。

皮皮问："那层纸是什么啊？"

嘉嘉："那层纸可以吃吗？"

丹丹："当然能了，还很好吃。"

孔墨庄叔叔说："呵呵，其实那层纸叫作米纸。把米磨成细细的米粉之后，加点水均匀搅拌成糊浆状态，放到锅里面蒸干其中的水分，再加点明胶和卵磷脂，最后烘干，一张薄如蝉翼的米纸就做好了。米纸一般被用于包裹糖果等容易化的食物，不但可以吃，还可以防潮。"